U0353381

国家自然科学基金项目（项目编号：71673270）资助

多尺度空间视角下城市群城镇化发展对碳排放的作用机理研究：

以长三角为例

王 锋／著

UOCHIDU KONGJIAN SHIJIAOXIA

HENGSHIQUN CHENGZHENHUA FAZHAN

UI TANPAIFANG DE ZUOYONG JILI YANJIU:

I CHANGSANJIAO WEILI

中国财经出版传媒集团

经济科学出版社
Economic Science Press

图书在版编目（CIP）数据

多尺度空间视角下城市群城镇化发展对碳排放的作用机理研究：以长三角为例／王锋著．—北京：经济科学出版社，2019.9

ISBN 978 - 7 - 5218 - 0958 - 9

Ⅰ.①多… Ⅱ.①王… Ⅲ.①长江三角洲 - 城市群 - 城市化 - 作用 - 二氧化碳 - 排气 - 研究 - 中国 Ⅳ.①X511

中国版本图书馆 CIP 数据核字（2019）第 200740 号

责任编辑：张 燕
责任校对：郑淑艳
责任印制：邱 天

多尺度空间视角下城市群城镇化发展对碳排放的
作用机理研究：以长三角为例
王 锋/著
经济科学出版社出版、发行 新华书店经销
社址：北京市海淀区阜成路甲 28 号 邮编：100142
总编部电话：010 - 88191217 发行部电话：010 - 88191522
网址：www. esp. com. cn
电子邮件：esp@ esp. com. cn
天猫网店：经济科学出版社旗舰店
网址：http：//jjkxcbs. tmall. com
固安华明印业有限公司印装
710 × 1000 16 开 15 印张 230000 字
2019 年 10 月第 1 版 2019 年 10 月第 1 次印刷
ISBN 978 - 7 - 5218 - 0958 - 9 定价：62.00 元
（图书出现印装问题，本社负责调换。电话：010 - 88191510）
（版权所有 侵权必究 打击盗版 举报热线：010 - 88191661
QQ：2242791300 营销中心电话：010 - 88191537
电子邮箱：dbts@ esp. com. cn）

前　言

　　城市群的崛起是近年来中国区域发展呈现出的新特征，城市群已成为中国区域发展的主要空间形态，是中国未来经济发展格局中最具活力和潜力的核心地区，也是推进与引领新型城镇化的主体，在促进经济增长和推动城镇化进程中的作用日益凸显。然而，伴随着城市群城镇化与经济的快速发展，城市群地区的资源消耗与环境污染也在不断加剧，成为一系列生态环境问题高度集中且激化的高度敏感地带。实际上，碳排放是一个多维复杂的系统，所有直接或间接引起碳排放的活动或行为都可能会引起碳排放的变化，其中城镇化可能是最根本、潜在影响最大的因素。因此，城镇化发展对碳排放的作用机理成为研究的重点与热点问题。

　　本书将研究的区域范围定位于具有典型意义的"大长三角"区域，从多空间尺度、多尺度关联视角，并运用多种方法深入系统地研究了城镇化发展对碳排放的作用机理问题。

　　首先，从省域、市域、县域尺度，分析了长三角城镇化发展与碳排放的现状。其次，对城镇化发展评价的两个重要方面，即耦合协调度与收敛性进行了研究。结果表明，长三角各个维度下城镇化发展水平总体上呈现先上升后降低的变化趋势，各地区的总体耦合协调程度有待提高；长三角城镇化发展存在绝对收敛和条件收敛趋势，人口流动有助于提升城镇化收敛速度。再次，构建时间序列模型，从时间维度分析了长三角整体尺度下城镇化发展对碳排放的静态与动态、长期与短期的作用关系，发现城镇化与碳排放之间存在长期稳定均衡关系，城镇化是碳排放的格兰杰原因，城镇化与碳排放间存在反向修正机制，城镇化对碳排放具有时变作用，且存在多条显著作用路径。接着，在考虑了同尺度横向空间关联的基础上，构建空间计量经济学模型，研究了城镇化发展对碳排放的作用路径及其效应差异，结果表明相对于省域、市域尺度，县域尺度对碳排放信息的刻度更加丰富，碳排放具有正向空间相关性，且多条作用路径显著。然后，在考虑了多尺度空间纵向关联的基础上，构建了县—市两层 HLM 模型以探究其作用效应及其路径，证实长三角具有典型的空间嵌套结构特征，城镇化对碳排放量与碳排放强度均具有显著的组内变异与组间变异，县级尺度的碳排放除受到县级地区城镇化水平、经济、人口、科技等因素的影响外，还受到高尺度即市级尺度特征的影响，存在城镇化作用于碳排放的多条显著的并行与链式作用路径。最后，根据研究结论提出了具有针对性与可操作性的政策建议。

理论上，本书拓展了以往研究的空间尺度，尝试了多尺度关联效应建模与对比研究，补充与完善了区域低碳发展理论，同时对于推动多学科交叉性研究具有积极意义。实践上，为差别化区域发展规划与碳减排政策的科学制定提供了理论依据，为各层次地区低碳城镇化发展思路的转变与有效路径的选择提供了科学指导。

本书的特色是将研究的地域范围界定为"中国区域发展主要空间形态与新型城镇化推进主体"的城市群区域，并以城镇化发展与碳减排矛盾非常突出的长三角地区为实证对象，具有典型性与现实意义。本书的创新在于：第一，运用中介效应检验方法系统性研究了城镇化对碳排放不同传导路径的作用效力及其差异，包含了城镇化作用于碳排放的总效应以及直接效应的检验，在统一的框架下对其作用机理进行了更加全面系统的研究；第二，城镇化发展对碳排放作用机理的多空间尺度建模与对比研究，系统而立体地揭示了不同空间尺度上城镇化发展对碳排放的作用机理差异；第三，考虑到现有行政管理体系下客观存在的分层嵌套结构，构建了多尺度纵向关联下城镇化发展对碳排放的作用机理模型并进行了实证分析，从而获得了更全面深入的研究结果。

本书得到了国家自然科学基金项目"多尺度空间视角下城市群的城镇化发展对碳排放的作用机理及其减排路径研究：以长三角为例"（项目编号：71673270）的资助，在此表示感谢！

感谢课题组成员刘娟、何凌云、吴从新等，以及研究生张芳、秦豫徽、郜梦楠、范文娜、林翔燕、李紧想、王格等对本书相关研究内容及文稿整理方面的贡献。

感谢经济科学出版社编辑张燕老师热心的帮助与专业、细致、高效的工作，使得本书得以顺利出版。

由于时间和水平有限，不当和错漏之处在所难免，敬请广大读者见谅，并请批评指正。

王　锋

2019 年 8 月

目　　录

第 **1** 章
绪　　论

1.1　研究背景

城市群的崛起是近年来中国区域发展呈现出的新特征，中国区域经济正在由省域经济与行政区经济向城市群经济转变，城市群已成为中国区域发展的主要空间形态，也是中国未来经济发展格局中最具活力和潜力的核心地区。2012 年中央城镇化工作会议首次提出了要把"城市群作为推进新型城镇化的主体"，之后国家"十二五"规划以及《国家新型城镇化规划（2014～2020 年）》再次明确了"城市群引领新型城镇化"这一发展战略。可见城市群在促进经济增长和推动城镇化进程中的作用日益凸显（刘士林和刘新静，2014；王海江等，2012）。然而，伴随着城市群城镇化与经济的快速发展，城市群地区的资源消耗与环境污染也在不断加剧，成为一系列生态环境问题高度集中且激化的高度敏感地带（方创琳，2014）。2012 年，十大城市群居民生活用水量约达到全国所有城市居民用水量的 70.83%，工业二氧化硫排放量和工业粉尘排放量分别约占到全国所有城市排放总量的 41.26% 和 24.59%。近年来，全国多数地区频繁遭受雾霾天气的影响，其中受影响严重的也主要是这些城市群区域，尤其是京津冀与长三角地区首当其冲（齐晔，2014）。可见，城市群地区一方面要积极推动城镇化与经济发展，另一方面又有着改善生态环境的现实要求，因此面临着发展方式转型的迫切压力，而低碳绿色发展正是转型发展的方向。考虑到碳排放是一个多维复杂的系统，所有直接或间接引起碳排放的活动或行为都可能会引起碳排放的变化，其中城镇化可能是最根本、潜在影响最大的因素（齐晔，2014），从而受到越来越多学者的关注并成为研究的热点问题（秦耀辰等，2014）。在城镇化的各种表征当中，人口城镇化是城镇化发展的先导和基础。农村人口不断向城市集聚引起人口密度、就业结构、生活方式的改变，会影响到地区经济规模、产业结构、对外贸易等，进而会导致碳排放的变化。因此，人口城镇化是控制和减少碳排放的"钥匙"，是政策最有可能发挥效力的关键领域（齐晔，2014）。所以，本书以城市群的人口城镇化为切入点，研究其对碳排放的作用机理问题。

城市群是以一两个特大城市为核心，包括周围若干个城市所组成的、内部具有纵向和横向联系、功能更为发达的管理一体化的区域。城市群内某一地区的碳排放水平不但受到自身内部因素的影响，还会受到群内其他地区的影响，是内部与外部双重作用的结果，而后者的作用一般称为空间关联性。城市群内不同尺度地区（不同等级行政区划单位）间的空间关联性可分为同尺度空间的横向关联与不同尺度空间的纵向关联。同尺度空间的横向关联主要体现在：地区间的溢出效应，如，由于地域相邻和人口流动所引发的技术溢出和居民生活方式的模仿效应；"行政区经济"导致的各地区在经济发展规划、城镇化进程、产业规划等方面的相互影响（学习与模仿、竞争与合作等）；从生态环境层面来看，城市群地区因为水系、大气的相关性而成为一个不可分割的整体，具有典型的外溢效应。不同尺度空间的纵向关联主要体现在现行行政管理体系的嵌套结构上，即区嵌套于市，市又嵌套于省，不同层级间是垂直管理的（余惠煜，2014），这样低层级行政区划单位的经济社会发展会受到高层级行政区划单位的约束与管理，高层级地区甚至高层级临近地区的发展水平、状态、特征等也会对低层级地区产生影响。在此背景下，如果考虑到城市群内不同尺度地区间的关联性，对于不同尺度空间而言，城镇化发展对于碳排放有什么影响？又通过哪些途径影响碳排放？不同路径的作用效力如何？不同尺度空间下城镇化发展与碳排放的作用关系有什么差异？单一尺度或多尺度的空间关联对于城镇化发展与碳排放的作用关系又有什么影响？对于这些问题的科学回答，需要对不同尺度空间下的城镇化发展对碳排放的作用机理问题进行深入系统的研究。

自 2005 年国家"十一五"规划首次提出了"城市群"战略以来，目前我国初具规模获得普遍认可的城市群（包括以"经济区"命名的"准城市群"）已有 30 个左右，其中，京津冀、长三角和珠三角是我国的三大城市群。在所有城市群中，长三角是启动最早、国际化水平最高、城镇化程度最高、城镇分布最密集的城市群，是中国经济发展的领头羊（陈肖飞等，2015）。据测算，2014 年，大长三角（核心区）城镇化率达到 62.7%（68%），高于全国的 54.77%，国内生产总值（GDP）总量占到全国的 20.3%（15.7%），人均 GDP 为 8.4082 万元（10.0125 万元）。伴随着城镇化与经济的高速发展，长三角的生态环境问题尤为突出，如太湖蓝藻污染事件和雾霾带来的跨行政区环境冲突等已严重制约了长三角城市群的可持续发展。因此，《全国主体功能区规划》将长三角地区确定为"优化开发区域"之一，同时也是能源减量与污染减排的重点关注区域（《2014～2015 年节能减排低碳发展行动方案》《能源发展战略行动计划（2014～2020 年）》）。然而与此同时，《长江三角洲地区区域规划》中明确提出"到 2020 年，人均 GDP 达到 11 万元（核心区为 13 万元），服务业比重达到 53%（核心区为 55%），城镇化水平达到 72%（核心区为 75% 左右）"的发展目标。可见，长三角面临着非常突出的城镇化、经济发展需求与生态环境压力的矛盾与冲突，所以低碳绿色发展是长三角转型的重要方向。比如江苏省的扬州市和高邮市、上海的金山区、浙江省的嘉兴市和宁波市为国家新型城镇化综合试点地区；杭州、上海、苏州、镇江、宁波、淮安、温州是全国低碳试点城市；上海是七大碳排放权交易试点省市之一。这些试点地区面临着根据各自发展阶段探索不同且有效新型城镇化与低碳发展路径的重任。因此，本书将区域范围定位于具有典型意义的"大长三角"区域。

1.2 研究意义

在城市群的城镇化发展需求与生态环境改善的双重压力背景下，本书从多空间尺度、多尺度关联视角，运用多种方法深入系统地研究城镇化发展对碳排放的作用机理具有重要的理论与现实意义。

1.2.1 理论意义

第一，拓展了以往研究的空间尺度，尝试进行不同尺度的对比与多尺度关联效应的建模与实证研究。一方面，以往对城镇化与碳排放关系的研究多集中于某一个特定空间尺度，而本书从城市群—省域—市域—县域等多尺度研究了城镇化对碳排放的作用机理及其在空间尺度上的差异；另一方面，从同空间尺度横向关联、多空间尺度纵向关联等多维视角，对城镇化发展对碳排放的作用机理进行了系统深入的研究。这将进一步扩展和完善多尺度建模与对比研究的思路、方法与分析框架。

第二，对区域低碳发展理论的补充与完善。本书对城镇化驱动碳排放变化机理的多角度、多层次的系统研究将进一步推动区域低碳发展理论的丰富和完善。

第三，多学科交叉性研究的尝试。本书运用环境经济学、能源经济学、区域经济学、系统科学等多学科理论与方法进行综合研究，这对于推动多学科的交叉具有积极意义。

1.2.2　现实意义

第一，本书从多空间尺度视角进行研究，获得了不同空间尺度下城镇化对碳排放的影响机制及其尺度差异的更全面、更深入的认识。这不但可以为差别化区域发展规划与碳减排政策的科学制定提供理论依据，而且可以为各层次地区低碳城镇化发展思路的转变与有效路径的选择提供科学指导。

第二，总体来说，虽然不同城市群之间的差异较大，但大多具有城镇化发展需求与生态环境压力相冲突的共性特征，所以本书的研究对于其他城市群的区域发展规划与政策的制定亦具有一定的借鉴与参考价值。

1.3　研究内容

本书力图从多空间尺度、多尺度关联视角，并运用多种方法对城市群城镇化发展对碳排放的作用机理问题进行深入系统的研究。具体的内容安排如下。

第 1 章　绪论。对研究背景、研究意义、研究内容、研究方法与技术路线等进行了阐述。

第 2 章　文献综述。系统地整理总结了碳排放和城镇化发展水平的表征指标与测度方法、城镇化发展的耦合协调性与收敛性、城镇化和碳排放之间作用关系以及多尺度空间对比与多尺度关联建模方面的文献，评述了现有研究存在的不足以及改进的方向。

第 3 章　长三角城镇化与碳排放现状分析。分别对省域、市域、县域三个不同空间尺度的城镇化发展以及碳排放水平进行了测度并进行了对比分析。

第 4 章　长三角"人口—土地—经济—社会"城镇化发展的耦合协调

性评价。构建了"人口—土地—经济—社会"城镇化耦合协调度模型，并对长三角地区多维城镇化的耦合协调度进行了测度与对比分析。

第5章 长三角城镇化发展的收敛性。运用空间统计与空间计量经济学方法，探索了长三角城镇化的空间格局，分析了城镇化发展的收敛性以及人口流动对城镇化发展收敛性的影响。

第6章 城市群整体尺度下长三角城镇化发展对碳排放的作用效应。构建时间序列模型从城市群整体尺度分析了城镇化与碳排放的均衡关系，结合状态空间模型与中介效应检验方法深入研究了城镇化发展对碳排放的时变作用效应与作用路径。

第7章 同尺度空间关联下长三角城镇化发展对碳排放的作用路径及效应。运用尺度方差分解法分析了碳排放在省域、市域、县域三种空间尺度下的尺度效应，运用 ESDA、中介效应检验方法和空间面板数据模型研究了城镇化对碳排放的作用路径及其作用效应差异。

第8章 纵向多尺度关联下长三角城镇化发展对碳排放的作用路径及效应。考虑到现有行政管理体系的空间嵌套结构特征，构建县—市两层HLM 模型，从多尺度纵向关联视角深入研究了城镇化发展对碳排放的作用路径及其效应差异。

第9章 研究结论与建议。对全书进行了总结，并根据研究结论提出了具有针对性与可操作性的政策建议。

1.4 研究方法与技术路线

1.4.1 研究方法

本书综合运用了多种方法，对应于研究内容采用的主要研究方法包括以下七种。

（1）时间序列模型。运用了多种时间序列方法，包括 VAR 模型、协整检验、格兰杰因果关系检验、VEC 模型、脉冲响应函数与方差分解等全

面系统地研究了城镇化发展与碳排放的均衡关系；运用状态空间模型研究
了城镇化发展对碳排放的时变作用及其路径效应差异。

（2）ESDA。运用 ESDA 方法刻画了长三角不同空间尺度下的城镇化发
展水平与碳排放的空间分布特征与空间自相关性。

（3）空间计量模型。在长三角城镇化发展的收敛性、同尺度空间关联
效应下城镇化对碳排放的作用路径及其效应差异等方面，均构建了相应的
空间计量经济学模型，在考虑了横向空间关联效应的基础上对其进行了深
入研究。

（4）HLM 模型。从跨尺度关联视角，运用两层 HLM 模型更深入全
面地研究了城镇化对碳排放的跨尺度作用路径以及不同路径的效应
差异。

（5）中介效应检验方法。城市群整体视角、同尺度横向关联视角以
及多尺度纵向关联视角下作用机理的研究均结合了中介效应方法，从
而能够对不同视角下城镇化对碳排放的作用路径及其差异进行全面
研究。

（6）耦合协调性模型。构建了"人口—土地—经济—社会"四维城镇
化耦合协调度模型，并对不同维度、不同地区城镇化发展的耦合协调度进
行了测度、评价与分类。

（7）对比分析法。对比分析法的应用贯穿本书，在不同空间尺度、不
同地区、不同关联类型、不同作用路径等方面研究结果的差异，均进行了
对比分析。

1.4.2 技术路线

围绕研究内容，本书的技术路线如图 1-1 所示。

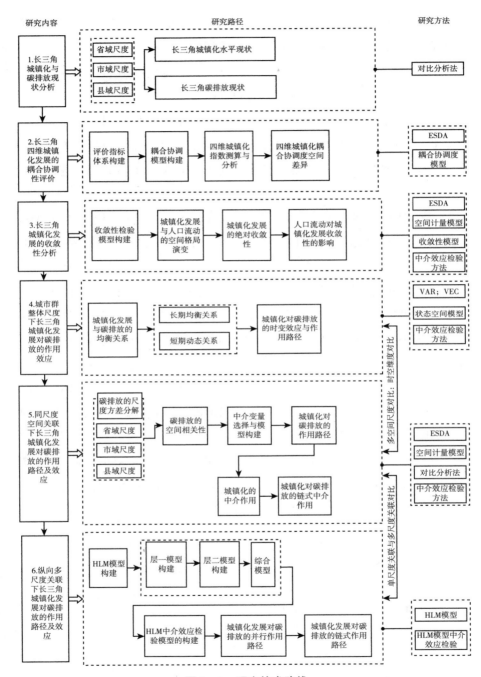

图 1－1　研究技术路线

资料来源：笔者整理。

1.5　创新点

本书的特色是将研究的地域范围界定为"中国区域发展主要空间形态与新型城镇化推进主体"的城市群区域，并以城镇化发展与碳减排矛盾非常突出的长三角地区为实证对象，具有典型性与现实意义。

本书的创新点在于：

（1）运用中介效应检验方法系统性研究城镇化对碳排放不同传导路径的作用效力及其差异。运用中介效应检验方法，对不同空间尺度与空间关联情况下的中介变量或中介变量组合，在城镇化发展作用于碳排放过程中的间接效应进行研究，从而能够科学地回答"城镇化是通过哪些途径影响了碳排放，不同路径作用效力的差异"等问题。而且中介效应的检验过程包括了城镇化作用于碳排放的总效应以及直接效应的检验，所以能够在统一的框架下对其作用机理进行更加全面系统的研究。

（2）城镇化发展对碳排放作用机理的多空间尺度建模与对比研究。鉴于单尺度分析的不足，本书根据不同的空间尺度及其空间关联类型，分别构建了城镇化发展对碳排放的作用机理模型，并进行实证与对比研究，力图更加系统而立体地揭示不同空间尺度上城镇化发展对碳排放的作用机理差异。

（3）多尺度关联下城镇化发展对碳排放作用机理模型构建与实证分析。本书充分考虑到现有行政管理体系下客观存在的区域分层嵌套结构，将不同空间尺度间的纵向效应纳入考量，构建以县域尺度为基准尺度的集成 HLM 模型。并在此基础上研究其作用机理及其差异，从而获得对作用机理问题更全面、更深入的认识以及更加符合客观现实的研究结果。

第2章
文献综述

  城镇化对碳排放的作用主要包括三个方面：直接作用、联合影响与间接作用。目前的研究以检验城镇化与碳排放的前两种作用为主，按照严格的中介效应的检验方法，此三种作用关系分别对应于城镇化对碳排放的总效应、直接效应与间接效应（中介效应），而总效应＝直接效应＋间接效应（中介效应）。但目前对于间接效应的研究非常匮乏。同时，城镇化对碳排放作用效力的差异也缺乏多尺度的对比研究，特别是对于此问题研究的区域所具有的分层嵌套结构特征重视不够，缺乏系统的建模与实证分析。总体来看，城镇化发展对碳排放作用机理问题的研究还不够深入、全面和系统，需要进一步的理论和模型研究（秦耀辰，2014；胡建辉和蒋选，2015）。因此，本章将在系统梳理近年来国内外研究的基础上，总结空间视角下城镇化对碳排放的作用效应及其尺度差异、城镇化对碳排放作用空间效应等作用机理问题研究的现状与不足，从而进一步确定研究的趋势与方向。

2.1 城镇化发展与碳排放的表征指标

  碳排放一般可以由碳排放量、人均碳排放量、碳排放强度（单位 GDP 的碳排放量）等指标表征（孙昌龙，2013；周文兴等，2015；杨晓军和陈浩，2013）。目前国内外研究碳排放的数据主要是从国际能源总署（IEA）、二氧化碳信息分析中心（CDIAC）、美国能源情报署（EIA）以及根据联合国政府间气候变化专门委员会（IPCC）的指导目录计算而得。各个机构的测算方法不同，得出的碳排放量也不尽相同。我国的碳排放量与 IEA 公布的数据较为接近，并且这一研究结论也得到了《中华人民共和国气候变化初始国家信息通报》的支持（金瑞庭和王贵新，2013）。但国内没有关于碳排放量的直接官方数据，一般是根据各地区统计资料计算得出，主要有以下三种计算方法：一是一次能源（煤炭、石油、天然气）的消费量乘以各自的碳排放系数后加总；二是各省市 9 种能源消费量乘以各自碳排放系数加总得到该省市的碳排放量；三是依据中国能源平衡表中的终端能源消费量计算城镇、交通等的碳排放量，其碳排放系数大多采用 IPCC《国家温室气体排放清单指南》中的数据，也有学者使用国家发展改革委能源研究所等提供的数据（秦耀辰，2014）。

城镇化（通常又称城市化、都市化）是一个世界性的现象，也是历史发展的必然趋势。但由于各个学科对城镇化的理解不一，迄今为止对城镇化的概念还没有一个完整统一的解释。总体来说，城镇化有广义与狭义两种界定方式。广义城镇化强调经济、社会、技术变革以及文化、价值观的物质和精神的双重变化过程，而狭义的城镇化强调城市本身的物理性扩张，即城市人口的增多和城市地理区域的扩大。事实上，城镇化最重要的特征是人口城镇化，人口城镇化的发展会直接引起空间城镇化、就业城镇化、生活城镇化的变化，进而影响到地区的经济贸易、能源消费、技术水平等，并最终影响到碳排放（吴婵丹和陈昆仑，2014；王锋等，2018）。因此在实际研究中，考虑到广义城镇化概念的复杂性及数据获取上存在一定的困难，常用狭义的城镇化概念，其中评价城镇化发展水平的最常用、最重要的表征指标是人口城镇化率（孙昌龙等，2013；周葵和戴小文，2013），即城镇人口占区域总人口的比例。

2.2 城镇化发展的耦合协调性与收敛性

2.2.1 城镇化发展的耦合协调性评价

改革开放以来中国的城镇化取得了显著成效，但是仍旧存在一些诸如不全面、不协调、不可持续、不以人为本等不可忽视的问题。就当前中国城镇化发展而言，部分学者认为中国城镇化的进程过快，而在推动城镇化率飞速提升的过程中，城市各方面事务没有得到合理安排，城市发展不协调，因此当前中国的城镇化是一种"如颈椎骨折"的病态城镇化（Friedman，2006）；同样地，有学者指出现阶段中国城镇化的主要特征主要体现为城市规模的快速增长（Lin，2006），单纯追求速度增长的城镇化必将会带来城镇化内部系统间的失衡问题（Brueckner，1983）；此外，有学者认为中国普遍存在"低度城镇化"现象（Bhang，2003），人口城镇化与土地城镇化之间不协调（He，2016），城镇化在社会、环境、经济等多维度下的协调发展是实现可持续发展的前提（Zhang，2015）。

关于城镇化的协调性发展，许多学者对该问题进行了深入研究，定量分析了不同维度下城镇化协调度对城镇化发展质量状况的影响，以便公众和政府更为清晰、直观地了解当前城镇化的具体发展情况。城镇化是多维的概念，它的内涵包括人口城镇化、土地城镇化、经济城镇化和社会城镇化。有学者基于人口城镇化和土地城镇化这两个角度探讨了两者协调发展的时间演变规律以及空间差异，认为不同地区的人口城镇化和土地城镇化的协调发展程度有所差异，基本表现为人口城镇化滞后于土地城镇化（杨丽霞等，2013；李子联，2013）。而土地城镇化与经济城镇化之间的协调度随着经济发展呈现出"倒 U 型"的关系，早期土地城镇化领先于经济城镇化，协调度较低；之后的经济城镇化逐年赶超土地城镇化，两者协调度逐渐上升直至最大；后期的经济城镇化领先于土地城镇化且两者协调度较低（张琳等，2016）。至于人口城镇化与经济城镇化的发展历程、协调关系，有学者基于 VAR 模型分析了中国人口城镇化与经济城镇化的互动关系，发现人口城镇化与经济城镇化存在一定的偏差且两者具有相互的正向冲击效应，这主要与中国工业化进程中的产业结构与就业结构存在偏差有关（程莉等，2014）。此外，部分学者认为中国新时期的城镇化是一个融合人口、土地、经济的复杂系统，并从这三个维度研究了城镇化的协调度问题，随着时间的推移，人口城镇化、土地城镇化和经济城镇化都呈现上升趋势，但不同阶段处于主导地位的城镇化驱动力量不同，协调发展度也处于上升状态，同时也存在区域分异明显的特点（曹文莉等，2012；刘法威等，2014）。

关于城镇化发展的耦合协调性评价研究，一方面，多数学者从人口、土地、经济、社会四个维度当中的两个或三个维度进行了大量研究，但从四个维度进行综合研究的比较缺乏；另一方面，以往的研究大多侧重于全国或者省份层面，对"中国区域发展主要空间形态与新型城镇化推进主体"的城市群区域的研究比较匮乏。所以本书将以长三角城市群为研究对象，从"人口—土地—经济—社会"四个维度对其城镇化的协调状况进行全面系统的研究。

2.2.2　人口流动与城镇化收敛

经济收敛假说起源于索罗—斯旺（Solow-Swan；Solow，1956；Swan，1956）的新古典增长模型。自鲍莫尔（Baumol，1986）和阿布拉莫维茨（Abramovitz，1986）将经济收敛假说运用于实证研究以来，区域收敛问题逐渐成为国内外学者讨论的一个重要议题。对收敛性的研究多集中在经济增长（Ahmad and Hall，2017；Haupt et al.，2018）、收入（Cabral and Castellanos-Sosa，2019；Ganong and Shoag，2017；Kant，2018）、消费支出（Kong et al.，2019；Ozturk and Cavusgil，2019）、能源利用效率（Mishra and Smyth，2014；Zhao et al.，2019）、房价（Holmes et al.，2019）以及失业率（Kristic et al.，2019）等领域。

城镇化作为社会经济发展的重要动力之一，城镇化发展问题一直是学者研究的重点问题之一，城镇化区域差异问题也受到学术界的关注。城镇化收敛主要研究城镇化发展水平落后的地区能否以更快的增长率赶超发达地区（Mulligan，2013）。一些学者认为，区域间的城镇化水平具有趋同性，各地区的城镇化水平差异将逐渐缩小直到最后处于同一稳态水平（Liu et al.，2015；Shen et al.，2002；Sharma，2003；吕健，2011），其中收敛类型分为 σ 收敛（地区间或国家间的城镇化水平差距随着时间的推移存在减少的趋势）（Sala-i-Martin，1996）、β 收敛（控制了影响稳态的因素后才具有收敛性）（Barro and Sala-i-Martin，1992）、俱乐部收敛（子样本内的收敛）（Phillips and Sul，2007）和随机收敛等（被调查指标原长期均衡假设的初始偏差是否随着时间的推移而减少）（Criado and Grether，2011）；而一些学者认为，经济水平差异的持续性以及地域管制等因素加剧了城镇化水平的发散性，区域间经济差距的扩大使得落后地区的农村人口甚至是城镇人口向经济发达地区迁移，导致落后地区的人口城镇化率难以提高（Eaton and Eckstein，2000；Liu et al.，2014；徐伟平和夏思维，2016）。此外，测算收敛性的方法主要有 CV 收敛方法（Liddle，2010）、俱乐部收敛方法（Solarin et al.，2019）、链式马尔科夫和空间链式马尔科夫方法（Pan et al.，2015；Li et al.，2019）以及计量方法（Reboredo，2015）等。

经济发展的不平衡、就业机会的地区差异以及教育水平等原因导致了人口在地区间的流动（Gu and Ma，2013；Wei et al.，2014；You et al.，2018）。当前，中国流动人口分布呈现明显的空间集聚趋势，人口从中西部地区向东部沿海地区流动，长三角、珠三角和京津冀等城市群成为人口流动的主要集中地，而西部地区中心城市的吸引力也在不断提升（Bao et al.，2011；Liang and Ma，2004）。伴随着人口在区域间的频繁流动，人口流动对区域的水资源消耗、空气污染等环境产生显著的影响（Hoel and Shapiro，2003；Gray and Mueller，2012；Atinkpahoun et al.，2018；Reis et al.，2018）。而且，在过去的二十年中，中国城镇化进程中大量农村人口涌向城市，流动人口成为城镇化进程中的热点话题（Dyson，2011；Crankshaw，2018；Luo et al.，2018）。中国的人口流动对区域差异的结构和趋势都具有显著的影响，人口流动增加了区域间发展差异，加剧了"边界效应"，导致人口流入地"半城镇化"现象的出现，而流出地的乡镇企业则难以发展（赵民，2013）；此外，快速增长的流动人口使得城镇化率高于非农业户籍人口占比，这意味着许多不是非农业人口户籍的城市居民无法享受城镇化发展的好处和待遇（Duan，2008；Su et al.，2018；Chen et al.，2019；路琪，2014）。这些都加重了城镇化发展的差距。另外，人口流动改变了转出区和承接区的城乡人口结构，提升了城镇化水平，降低了区域间的差距（Bhagat and Mohanty，2009；He et al.，2015；杨传开，2015；白永平等，2016）。

综上所述，现有文献对人口流动和城镇化收敛性两者之间关系的研究相对比较薄弱，尤其是针对城市群尺度的文献极少。本书将在考虑地区间空间效应的基础上，探讨长三角城市群人口流动对城镇化收敛性的影响。

2.3　城镇化与碳排放作用关系的研究

城镇化对碳排放的作用关系主要包括三个方面（见图 2-1）：一是城镇化（X）与碳排放（Y）两者间的直接作用关系，即 X→Y；二是城镇化与其他相关变量（如 M1，M2 等）共同对碳排放的联合作用，即 X + M1 + M2→Y；三是城镇化通过由经济规模、能源结构、能源消费量、居民消费、产业结构、对外贸易、技术进步等不同中介变量（或中介变量组合）组成的不同路径作用于碳排放的间接作用效应，即 X→M1→Y；X→M2→Y；X→M1→M2→Y 等。

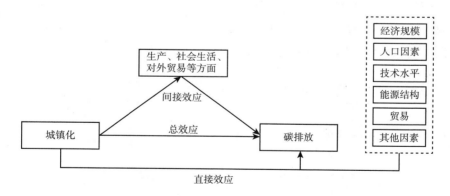

图 2-1　城镇化对碳排放的作用效应

按照严格的中介效应的检验方法，第一种检验的是城镇化对于碳排放的总效应（即 X→Y），第二种检验的是控制了中介变量 M 的影响后，自变量 X 对因变量 Y 的直接效应（即 X + M1 + M2→Y），而总效应 = 直接效应 + 间接效应（中介效应），所以第三种实际上检验的是城镇化对于碳排放影响的间接效应（即 X→M1→Y；X→M2→Y；X→M1→M2→Y，也就是 X→Y 的不同作用路径）。

2.3.1 城镇化对碳排放的总效应

城镇化对碳排放的总效应（即 X→Y）以实证研究为主，有学者发现城镇化与碳排放之间呈现线性关系；也有部分学者认为城镇化对碳排放的直接关系不仅仅是一种简单的线性关系，认为城镇化对碳排放既有驱动作用也有制动作用。当城镇化处于初期时，城镇地区的人口迅速增长，产业结构中第一产业的比重逐渐下降，第二、第三产业的比重逐渐上升，人们的生活方式也逐渐趋向于高碳化，并且在城镇化的初期，城镇的规模效应和集聚效应还没有形成，这些因素共同促使城镇化对碳排放的驱动作用大于制动作用，具体表现为城镇化对碳排放产生正向影响。然而，当城镇化发展到一定水平后，城镇化的规模效应和集聚效应以及技术扩散效应逐渐产生，这些因素共同导致城镇化对碳排放的制动作用大于驱动作用，具体表现为城镇化对碳排放产生负向影响。还有部分学者如姬世东等（2013）、奥萨杜—萨尔科迪等（Asumadu-Sarkodie et al.，2017）认为，城镇化对碳排放的影响并不显著。具体如表 2 - 1 所示。

表 2 - 1　　城镇化与碳排放线性及非线性关系的研究结论

学者	研究区域/方法	研究结论
科尔等（Cole et al.，2004）	1975 ~ 1998 年 86 个国家/时间序列分析	城镇化对碳排放具有正向影响
约克（York，2007）	1960 ~ 2000 年欧盟 14 个国家/时间序列回归分析	城镇化对碳排放具有正向影响
利德尔等（Liddle et al.，2010）	1960 ~ 2005 年 17 个发达国家/面板回归	发达国家城镇化与二氧化碳排放总体上呈现正相关
夏尔马（Sharma，2011）	1985 ~ 2005 年 69 个国家/动态面板回归	城镇化对碳排放呈现负向线性关系
王等（Wang et al.，2016）	1985 ~ 2014 年金砖四国/面板回归	城镇化对碳排放呈现正向线性关系

续表

学者	研究区域/方法	研究结论
许等（Xu et al., 2016）	2004～2013 年中国 30 个省份/面板回归	土地城镇化对碳排放呈现负向线性关系
欧阳等（Ouyang et al., 2017）	1978～2015 年中国与 1920～1970 年日本/时间序列分析	城镇化对碳排放呈现正向线性关系
阿里等（Ali et al., 2017）	1970～2015 年新加坡/时间序列分析	城镇化和碳排放呈现显著的负向线性关系
朱勤等（2013）	1990～2010 年中国/LMDI 分解	人口城镇化对中国碳排放增长的驱动力持续超过人口规模
杨晓军等（2013）	1997～2009 年中国三大地区（东部、中部、西部）/面板回归	从全国范围内看，城镇化与碳排放存在"倒 N 型"关系，东部地区呈现"倒 N 型"关系，中部及西部地区呈现"N 型"关系
胡建辉等（2013）	2005～2012 年中国三大城市群 32 个地级市/面板回归	中国整体上城镇化与碳排放之间呈现"倒 U 型"关系，而三大城市群却都不存在这种关系
胡雷等（2016）	1978～2012 年中国三大地区（北部、中部、南部）/时间序列分析	中国北部存在库兹涅茨曲线，而南部与东部不存在

资料来源：笔者整理。

综观国内外研究可以发现，虽然研究结果因地区不同、划分的空间尺度不同或方法不同存在一定的差异，但基本都能证明城镇化和碳排放之间存在一定的相关关系或因果关系。（1）从国家层面来看，虽然研究国别不同，但结论基本一致，即城镇化进程推动了碳排放的增长（林伯强等，2010；Hossain，2011），因为城镇化进程中大规模人口和经济活动聚集，引起碳排放量的增加，但不同国家所处的发展阶段或城镇化进程对碳排放的影响亦有不同（Dong et al.，2011；Li et al.，2015）。（2）从经济区层面来看，东部、中部、西部不同区域，城镇化对碳排放的作用关系是不同的，这一点基本已达成共识。但不同学者的研究结论却有较大的差异，具体的表现形式也不一而足，如有研究认为城镇化对东部地区碳排放的影响更大（徐丽杰，2014），也有的认为对中部或西部的影响更大（Zhang et al.，2012），另外也有的认为是更复杂的关系（杨晓军等，2013）。（3）从省域层面来看，与按经济区进行划分的研究结果类似，也没有一致的结论，特别是从共性角度进行的研究，比如有研究表明城镇化与碳排放之间存在"倒 U 型"关系，具体到某省份，如江苏（杜运伟等，2015）、安徽（张乐勤等，2015）亦有类似规律，但也有不同观点即不存在"倒 U 型"规律（孙辉煌，2012）或为"U 型"关系（Li et al.，2013），或者城镇化对碳排放有正向线性作用等（Sheng et al.，2016）。但从省域差异来看，基本都认同不同发展水平的省份之间存在显著的差异（张鸿武等，2013）。（4）从城市群层面与城市层面的研究相对较少。因为城市群间的差异较大，所以具体到城市群的研究结果就不尽相同，如对于长株潭城市群而言，城镇化水平提高了碳排放强度（陈晓红等，2013），对于长三角、京津冀与珠三角而言，城镇化对碳排放分别具有抑制作用、正向关系与"U 型"关系（胡建辉等，2015）；从城市层面来看，因为研究地区的不同也表现出不同的作用关系，如城镇化促进了碳排放（Yang et al.，2015）、没有显著的关系（姬世东等，2013）或者长短期具有不同的阶段性特征（Zhang et al.，2015）等。

2.3.2 城镇化对碳排放的直接效应

随着研究的不断深入，一些学者逐渐意识到要想将城镇化与碳排放之间建立明确而直接的联系还存在较大障碍。因为城镇化对碳排放的影响是一个复杂的问题，涉及很多层面，许多其他因素对碳排放也有影响，是城镇化与其他因素共同作用的结果。所以多数研究是将城镇化与其他相关因素结合起来考察其对于碳排放的影响（刘希雅等，2015）（即 X + M1 + M2 + …→Y）。在联合分析当中，不同学者根据研究的空间尺度、研究目的不同选择了不同的影响因子，但总体来说一般包含人口规模、人口密度或人口空间分布、经济规模、产业结构、能源消费量、对外开放水平、居民消费、能源结构等。从总体研究结果来看，一般认为城镇化、相关变量与碳排放有长期均衡关系（Wang et al.，2016）。但从具体指标的研究结果来看，因为研究的尺度不同、方法不同、模型中包含的因素不同所得到的研究结论也有差异。

一是人口因素。包括人口规模和人口密度。一种观点认为，城镇人口增加必然会带来更大规模的人口和经济活动聚集，进而造成更多的能源消费和碳排放（张乐勤等，2015），甚至碳强度的提高（孙欣等，2014）。另一种观点认为，城镇化有利于降低碳排放与碳强度（肖宏伟，2013）。因为城镇人口的聚集给公共物品的使用带来了规模经济，同时，伴随着生活方式的改变和技术扩散也能够降低人均能源消费和碳排放（王桂新等，2012）。

二是经济规模。主要体现在 GDP 或人均 GDP 方面。有研究认为人均 GDP 对碳排放有正向影响（涂正革等，2015），也有研究认为当人均 GDP 足够高时，城市化进程对保护环境是有利的（Aunan et al.，2014）。

三是技术水平。技术进步是促进能源使用效率提高和能源强度下降的主要原因。但是技术因素如何考量，有学者使用自主研发和技术引进（魏巍贤等，2010）、能源效率或能源强度，但其研究结论基本一致，即技术水平的提高有利于 CO_2 减排，能源强度越高碳排放量越大、碳强度越高。

四是产业结构。城镇化的过程也是产业结构转型的过程，其对第二产业和第三产业的带动作用都非常明显，同时产业结构的优化升级也不断促进城镇化的发展。但不同的产业结构对碳排放的影响不同，一般认为第二产业比例越高，碳排放量越多（张乐勤等，2015），第三产业比例越高，则越有助于降低碳强度，但研究的区域不同结果也会有所差异（李剑荣，2015）。

五是其他方面，如能源结构（通常用煤炭占比表示）一般对碳排放量与碳强度有正向作用（杜立民，2010）；对外贸易水平一般认为提高了碳排放量，但存在地区差异（Shahbaz et al.，2016）；居民消费对提高碳排放量有正向的贡献（Yang et al.，2015）；能源消费量推动了碳排放，甚至提高了碳强度，这基本已成为共识。

2.3.3 城镇化对碳排放的间接效应

尽管大量文献对城镇化、相关因素与碳排放之间存在较强的相关性进行了有力论证，得到了许多有意义的结论与启示，但城镇化对碳排放的影响机制却极为复杂，城镇化更多的是通过生产、生活、技术、贸易等其他要素间接作用于碳排放（朱勤等，2013；毕晓航，2015）（X→M1→Y；X→M2→Y；X→M1→M2→Y）。

从生产方面来看（见图 2-2），城镇化的推进使得人口不断向城镇地区集聚，城镇地区进行大规模的基础设施建设如道路、建筑，在建设的过程中以及日后的使用中，都将会产生大量的碳排放，同时城镇化的过程也是劳动人口由第一产业流向第二、第三产业的过程。对于第一产业来讲，第一产业从业者人数的降低，一方面促使运输农产品的相关物流活动大量增加，另一方面也在一定程度上推动了第一产业的机械化，从而增加了碳排放量（李健等，2012）；对于第二、第三产业来讲，人口要素的集聚促使其快速发展，第二产业高碳化的生产方式推动了碳排放的增长（吴振信等，2012）。另外城镇化的推进也加速了固定资产投资、水泥、高耗能产业的发展，从而间接促进碳排放的增长（程开明，2016）。从生活方面来看（见图 2-2），城镇化主要通过居民的直接能源消费和间接能源消费来影响碳排放。直接能源消费碳排放是指居民在交通、照明、取暖、娱乐等方面直接消费化石燃料产生的碳排放量。间接能源消费碳排放是指居民在日常生活中消费非能源商品及服务所带来的碳排放，因为这些商品及服务在其生产、加工、供应、处置的全生命周期中，都会引起能源的消耗从而产生碳排放。从直接能源消费来看，城镇居民需要搭乘交通工具上下班并且照明时长也高于农村地区，因此，城镇地区的直接能源消费所产生的碳排放量高于农村地区（Pablo-Romero et al.，2017）。从间接能源消费来看，一方面与农村地区相比，城镇地区所有的产品都实行商业化生产，从而增加了碳排放量，另一方面城镇地区的居民收入水平高，居民消费需求强（毕晓航，2015），并且消费的产品往往具有高碳性，这些都极大地增加了城镇地区居民的间接生活能源碳排放量（Johnson et al.，2017）。

从贸易的角度来说，我国出口以加工贸易为主，能耗相对较高，这在一定程度上也促进了我国碳排放量的增长（Zhang et al.，2017）。同时，与其他国家相比，我国城镇地区重复建设以及较为畸形的房地产市场也间接增加了碳排放量。根据《民用建筑设计通则》，一般建筑的使用寿命为

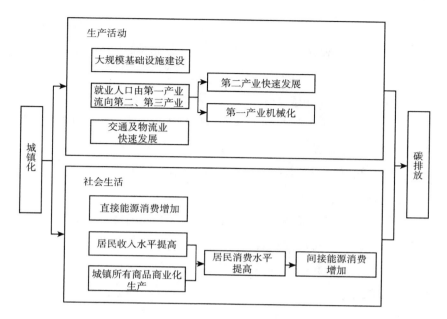

图 2 - 2　城镇化通过生产与生活对碳排放的间接作用

资料来源：笔者整理。

50～100 年，但当下我国建筑的使用寿命却只有 25～30 年[①]，频繁的拆除重建间接增加了碳排放量，同时我国城镇地区平均高达 20%～30% 的空置率[②]造成了集中供暖的浪费，这在一定程度上也推高了碳排放量。

综合来看，现有的双变量与联合分析分别检验的是城镇化对碳排放作用的总效应与直接效应，但现有研究对于其中非常重要的间接作用效应的研究存在不足。

2.4　基于同尺度空间效应的城镇化与碳排放作用关系研究

传统研究虽然从不同空间尺度和视角分析了城镇化对碳排放的影响，

---

① 王炜，黄晓文，吕晗子. 中国为何缺少"百年建筑"？[J]. 决策探索（上半月），2010 (11)：30 - 33.

② 赵秦军. 潜在住房需求、空置率与存量面积争议 [J]. 中国房地产，2014 (17)：22 - 26.

为地区节能减排和低碳发展提供了有益的参考，但是，传统计量经济学方法将研究单元视为相互独立且均质的个体空间，忽略了邻域单元间的空间关联性。根据托伯勒（Tobler，1970）的地理学第一定律，即"任何事物在空间上都是关联的；距离越近，关联程度就越强；距离越远，关联程度就越弱"。如果模型中存在空间关联，模型将不服从传统模型的基本假定，若仍采用传统研究方法将导致检验统计量出现扭曲，以及参数估计量不一致或非有效等问题。随着空间统计与空间计量方法被广泛接受，考虑空间相关性进行研究的学者数量正呈指数级增长。近年来，在区域碳排放与城镇化研究领域，已有越来越多的学者注意到地区间的空间关联问题，并对其进行了检验，发现普遍存在着显著的空间相关性，此效应的存在可能会影响城镇化对于碳排放作用的方向和强度。因此，为能得到更准确、更符合实际的研究结论，在建模时需要充分考虑地区间的空间关联问题（程叶青等，2013）。

区域碳排放的空间关联性可以分为单一空间尺度的空间关联性和多空间尺度关联性。单一空间尺度的空间关联性主要体现为地区间的溢出效应。这种空间关联性的产生主要是由于地域相邻和人口流动所引发的技术溢出与居民生活方式的模仿效应，"行政区经济"导致的各地区在经济发展规划、城市化进程、产业规划等方面的相互影响以及邻近地区在地球外部圈层间的相互影响。就本书的研究对象来说是指本地区的碳排放不但受到本地区相关因素的影响还受到相邻地区碳排放及相关因素的影响。多空间尺度关联性主要体现在现行行政管理体系的嵌套结构上，即区嵌套于市，市又嵌套于省，不同层级间是垂直管理的，这样低层级行政区划单位的经济社会发展会受到高层级行政区划单位的约束与管理，高层级地区甚至高层级临近地区的发展水平、状态、特征等也会对低层级地区产生影响。目前对于城镇化与碳排放作用关系的研究多集中于单一空间尺度下的研究，从多空间尺度关联性展开的研究相对较少。

从空间关联性的角度进行研究的前提是定义一个合适的空间权重矩阵用以衡量地域间的相邻关系。通过梳理相关文献，发现在研究城镇化对碳排放的影响时主要采用表2－2所示的几种空间权重矩阵。

表 2 - 2   空间权重矩阵类别

空间权重矩阵类型	矩阵含义	典型文献
邻近空间权重矩阵	区域间若符合事先设定的相邻（R 相邻、B 相邻、Q 相邻）则取值为 1，否则为 0	董等（Dong et al.，2016）
地理距离空间权重矩阵	根据地理距离设置权重	于伟等（2016）
经济距离空间权重矩阵	根据地区间的经济发展水平（GDP）设置权重	孙叶飞等（2016）
K 最近点空间权重矩阵	与某区域距离最近的 K 个区域，若属于设定的 K 个单元之一则取值为 1，否则取值为 0	程叶青等（2013）；付云鹏等（2015）
嵌套矩阵	将经济与地理空间权重矩阵相嵌套，可以描述空间溢出效应的非对称性	申俊等（2016）

资料来源：笔者整理。

结合空间效应的现有研究，其研究内容主要是将城镇化与其他驱动因素共同加入模型进行联合分析或偏回归系数分析。从研究结果来看（目前尚存争议）：人口规模、人均 GDP、能源强度、产业结构（第二产业生产总值占 GDP 的比重）对碳排放量和碳排放强度的研究结论基本一致，即有正向作用；城镇化进程对于碳排放规模和碳排放强度的作用有两种观点，一种认为城镇化进程会抑制碳排放规模和碳强度的增加，另一种认为对碳强度具有正向作用；能源消费结构（煤炭占全部能源的比重）的作用较为一致，即优化能源消费结构有助于降低碳排放量与碳排放强度（杜慧滨等，2013）；对外开放水平因为使用的表征指标不同，如有的采用进出口贸易总额占 GDP 的比重，有的采用外商投资企业年底注册登记情况（投资总额），研究的结果亦有差异（见表 2 - 3）。

表 2 - 3   单一空间尺度效应下城镇化与碳排放关系的研究结论

学者	研究区域/方法	研究结论
肖宏伟等（2014）	2006 ~ 2011 年中国 30 个省级区域 /GTWR 模型	城镇化对碳排放的影响具有空间效应，城镇化对碳排放的影响具有空间异质性，东部地区的城镇化减少了碳排放而中西部地区增加了碳排放

续表

学者	研究区域/方法	研究结论
熊等（Xiong et al.，2010）	2000～2013 年中国 30 个省域/ESDA，LMDI 分解	碳排放具有空间溢出效应
维德拉（Videras，2014）	2002 年美国 48 州/GWR 模型	碳排放与城镇化具有空间效应，城镇化对碳排放具有负向影响
杜慧滨等（2013）	1997～2009 年中国 30 个省域/空间误差模型	碳排放具有空间溢出效应，城镇化对碳排放具有抑制作用
孙叶飞等（2016）	2000～2014 年中国 30 个省域/空间杜宾模型	碳排放具有空间溢出效应，城镇化促进了碳排放的增长
刘等（Liu et al.，2017）	2006～2010 年中国 30 个省域/GTWR 模型	城镇化对碳排放的影响具有空间异质性

资料来源：笔者整理。

综观以上文献发现，众多学者从不同侧重点研究了城镇化对碳排放的影响，所得结论有的起到相互验证的作用，有的起到补充的作用，也有结论不一致的问题。究其原因是研究方法、研究的空间尺度、选取的样本特征、对数据的处理方法、所选变量或指标的不同造成的。而其中，研究方法（特别是是否考虑空间关联性）和空间尺度的不同可能是造成研究结果差异的重要原因。

2.5　城镇化发展对碳排放影响的多尺度空间对比与多尺度关联建模

不同空间尺度提供了不同详细程度的信息。空间尺度越大所获得的信息越粗略，而低尺度地区的信息及其差异就难以获得，尺度越小则可能会掩盖总体规律。所以对于空间尺度的选择出现了两种趋势：一种是为了得到更多更细化的空间分布规律与作用关系的认识，出现了研究尺度逐渐缩小化的趋势，并注重嵌套性区划关系的差异分解（陈培阳等，2012）；另一种是进行多尺度的对比研究，因为即使研究区域范围拥有同一个空间边界，选择的空间尺度不同，研究的结果也可能存在差异（王静等，2012），也就是说存在一定程度的尺度敏感性或尺度依存性（李双成等，2005）。因此，现在已经有一些学者开始尝试选用多种方法、从多空间尺度进行多角度多层次的对比研究，一方面能更确切、完整、真实地揭示不同尺度上的空间分布规律与作用关系，另一方面，对不同空间尺度上的研究结果能够在同一个框架下进行相互验证，从而使得研究结果更加精确、更加有说服力，这也是未来研究的趋势所在。目前，区域碳排放与城镇化领域的多空间尺度的对比研究非常匮乏，还有很大的提升空间。

多尺度分析包括多尺度单独分析和联合分析。当需要考虑不同尺度之间的作用，即大尺度上的效应对小尺度也有影响时，需进行多尺度联合分析。我国现行的行政管理体系是一种嵌套结构，县区嵌套于市，市又嵌套于省，不同层级间是垂直管理的，也就是说低尺度行政区划单位的经济社会发展肯定是要受到高尺度行政区划单位的约束与管理。高尺度地区的发展水平、状态、特征等也会对低尺度地区产生影响。所以，为充分反映区域结构中存在的这种分层嵌套结构关系，需要进行多尺度联合分析。

以往关于碳排放的多尺度联合研究主要是以定性描述与探讨为主，缺乏定量研究的支撑。在经济、社会科学研究中，普遍采用多层线性模型（hierarchical linear model，HLM）对具有多层嵌套结构的数据建模，目前已成为广泛使用的方法之一（顾乃华，2011）。HLM 模型充分考虑了数据分层的特点，通过建立多层回归方程组，将总误差分解为各层次的误差，解决了随机误差独立性假设违反的问题，可以探讨不同层面自变量对因变量的影响以及不同层面自变量之间的交互效应。

对区域进行分尺度研究时可能会涉及城市群、省、市、县多个层面，研究结果也有可能不一致，原因可能就是没有考虑到数据分层的特点，这种忽略有可能对数据结果做出不合理的解释，这是传统回归分析方法在分析具有分层特点数据时的必然局限。而多尺度联合分析有利于提高研究结论的准确性，所以相对于多尺度单独分析，多尺度联合分析更有优势。

从现有文献来看，HLM 模型主要应用于区域房地产与金融市场、经济发展、社会管理等领域，在城镇化方面也获得了一定的应用，但目前 HLM 模型在区域碳排放领域的研究几乎还是空白。

2.6 文献评述

综观国内外研究，众多学者从不同角度、不同空间尺度、利用不同方法研究了城镇化对碳排放的影响，取得了丰硕的研究成果，为区域低碳发展提供了诸多有益的参考。但是从现有的文献来看，还存在一些不足。

2.6.1 空间尺度

目前关于城镇化发展与碳排放关系的研究大多集中于省域尺度，对于已成为"中国区域发展主要空间形态与新型城镇化主体"的城市群的研究则比较缺乏。城市群是城镇化发展较高阶段的空间表示形式，也是拉动一国经济增长、加快城镇化进程的重要引擎，2012 年中国城镇化工作会议及 2014 年 3 月 10 日中共中央国务院发布的《国家新型城镇化规划（2014～2020 年)》提出，要使城市群成为推进新型城镇化的最主要力量，我国在"十三五"规划中进一步明确要发挥城市群对于周边地区的辐射带动作用。城市群不但是城镇化发展到较高阶段的空间表现形式，也是一种新型的地域生态系统，这为重塑区际分工、改善生态环境提供了可能，可见城市群也是未来中国实现低碳发展的关键，因此，以城市群为研究对象，探究城市群内部城镇化对碳排放的影响是非常必要的。

目前，对于县域尺度的能源与碳排放问题的研究也非常匮乏，主要原因是县级尺度的统计信息不健全，各类能源消耗数据难以直接获取，从而限制了县域碳排放问题的研究。但空间尺度越大，碳排放数据越粗略、不确定性越强，对区域格局特征的描述也就越粗略，不利于有针对性与可操作性政策的制定。然而县域作为城乡联系枢纽，其发展水平决定了农村富余劳动力的转移倾向和流动方向，这对于推进整体城镇化进程、避免半城镇化现象具有重要意义，所以非常需要加强县域尺度的研究。

2.6.2　城镇化对碳排放影响的传导路径

缺乏关于城镇化驱动碳排放的间接效应与传导路径方面的研究。现有文献对城镇化、其他相关变量与碳排放之间的关系做了大量的研究，取得了许多有价值的研究成果。但总效应与直接效应的研究，都只是城镇化驱动碳排放变化机理的一部分，对于城镇化作用于碳排放非常重要的一种方式，即间接方式（间接效应或中介效应）的研究重视不够，忽视其他因素在此作用过程中的具体作用，往往会使得统计结果解释含混不清，有可能导致错误的结论。也就是说，以往研究大多停留在经验性分析层面，对机理性研究还不够深入、全面和系统，还难以科学回答"城镇化通过哪些途径影响碳排放、不同途径的作用力大小与有效性如何"等这类对城市群碳减排具有重要指导意义的问题。

2.6.3　多尺度空间对比与空间效应

关于城镇化发展对碳排放作用关系的多尺度对比的研究相对较少。传统研究将各地区当成相互独立且均质的个体，普遍忽略了地区间的空间关联性。空间统计与空间计量方法虽然考虑了空间关联性，但往往是针对同一尺度的研究，而空间尺度是地理学研究中的核心问题之一，空间尺度不同标志着对研究对象的细节了解不同，针对不同空间尺度的研究也可能会得到不一样的研究结果，即具有尺度敏感性或尺度依存性。而以往研究普遍忽视了研究区域的尺度效应，缺乏多尺度、多方法的对比研究。

2.6.4　多空间尺度关联建模与分析

由于我国现行的行政管理体系是垂直管理的，具有典型的分层嵌套结构特征，如果忽略数据的分层嵌套结构有可能对数据结果做出不合理的解释。为能够综合考虑不同空间尺度间的纵向关联效应，需要构建 HLM 模型并进行实证研究，在这方面还有很大的研究空间。

针对以上不足，本书将从以下四个方面进行改进：第一，将研究的地域范围确定为城市群区域，同时选择经济发展水平与城镇化程度最高、城镇分布最密集、低碳试点城市与新型城镇化试点地区较多，且城镇化发展与碳减排矛盾非常突出的长三角城市群为实证研究的对象；第二，运用中介效应检验模型，在统一的框架下，对城市群的城镇化发展对碳排放的作用机理进行全面系统的研究，不但包括城镇化对碳排放的总效应与直接效应探索，还包括城镇化通过一系列中介变量（或中介变量组合）到碳排放的间接效应的研究；第三，从多空间尺度进行对比；第四，构建综合了多尺度关联扩展的 HLM 模型，以研究纵向关联与嵌套结构下城镇化发展对于碳排放的作用机理。

第3章
长三角城镇化与碳排放现状分析

前面阐述了城镇化及相关变量对于碳排放的理论作用。本章将首先估计长三角地区省域、市域、县域三种空间尺度下的城镇化率，之后运用联合国政府间气候变化专门委员会（IPCC）提供的方法计算长三角地区省域、市域、县域三种尺度下的碳排放水平，并分析三种空间尺度下城镇化发展与碳排放现状。

3.1 长三角城镇化水平现状

城镇化的发展是一个漫长的过程，是伴随生产力不断解放和经济水平不断提升引起人口迁移的过程。随着人口不断向城镇集聚，产业结构布局将会随之调整，城镇化进程的加快将大大提升城镇工业效率和城镇居民收入水平。因此，地区城镇化水平也在一定程度上体现出该地区的经济发展水平和工业化步伐。

省域尺度下城镇化率由《中国统计年鉴》中发布的城镇人口占总人口的比重表征。市域及县域尺度下部分地区人口城镇化率未对外公布，本章以非农业人口占总人口的比重表征。

3.1.1 省域城镇化水平

通过图 3-1 可以看出，江苏、浙江两个省份在 2008~2015 年城镇化

水平稳步上升并逐渐趋于一致，2008~2014 年两地区的城镇化水平从 54%
发展到 65%，2014~2015 年呈现轻微下降趋势，从 65% 下降到 60%。
2008~2015 年上海的城镇化水平明显高于江苏、浙江两个省份，且 2008~
2015 年上海的城镇化水平基本维持在 89%。且从全国层面来看，上海的城
镇化水平也居于全国首位。

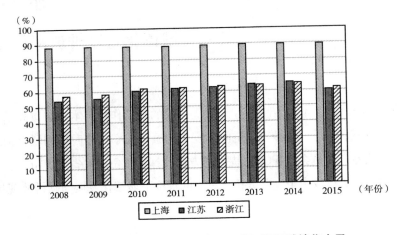

图 3-1   2008~2015 年上海、江苏、浙江城镇化水平

资料来源：笔者整理。

3.1.2   市域城镇化水平

根据图 3-2 和图 3-3 可知，在 2008~2015 年，长三角地区内各市的
城镇化水平存在明显差异。无锡、苏州、常州、杭州、宁波、绍兴、上海
等市城镇化水平较高，在 2008~2015 年基本均大于 60%，而徐州、盐城、
台州、衢州、丽水等市城镇化水平较低，在 2008~2015 年基本保持在
20%~30%。在 2008~2015 年对比同一城市的城镇化水平时，长三角地区
内各城市的城镇化均呈现递增趋势。从图 3-4 和图 3-5 可以发现，城镇
化发展的不均衡性较为严重，在 2008~2015 年上海市的城镇化水平远高于
其他城市，表现为城镇化的区域性特征，这是由于城镇化水平与经济发展
水平密切相关，一个地区的经济发展能够有效地促进城镇化水平的提高。

从地理位置来看，城镇化水平较高的城市大都位于江苏省南部地区和浙江省北部地区，这可能与上海经济辐射的范围有关。

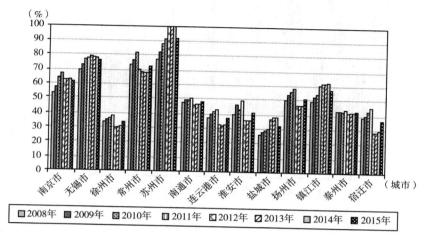

图 3 - 2　长三角地区各市城镇化水平（Ⅰ）

资料来源：笔者整理。

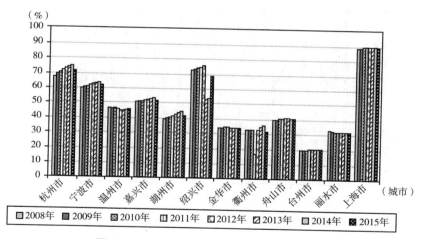

图 3 - 3　长三角地区各市城镇化水平（Ⅱ）

资料来源：笔者整理。

3.1.3　县域城镇化水平

本章选择了江苏省、浙江省各个县区在 2008 ~ 2015 年城镇化水平的平

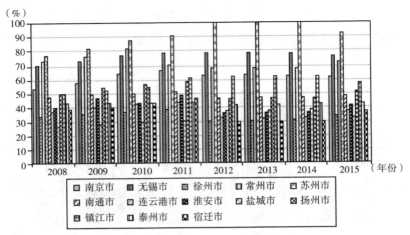

图 3 - 4　长三角地区各市城镇化水平（Ⅲ）

资料来源：笔者整理。

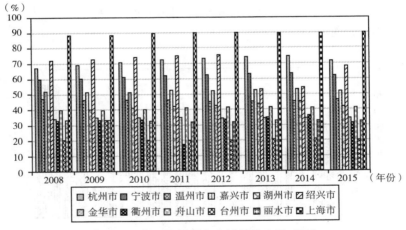

图 3 - 5　长三角地区各市城镇化水平（Ⅳ）

资料来源：笔者整理。

均值做了各个县区的发展趋势图（见图 3 - 6 和图 3 - 7）。

　　根据图 3 - 6 和图 3 - 7 可以看出，不同的县区间城镇化水平存在明显的差异，县域尺度下 2008 ~ 2015 年长三角地区城镇化水平发展状况与市域尺度下基本一致。根据图 3 - 6 可以看出，江苏省江阴市、常熟市、张家港市、昆山市、太仓市五个市区的城镇化水平均在 70% 以上，明显高于江苏省其他县区，而丰县、沛县、睢宁县、新沂市、邳州市五个县区的城镇

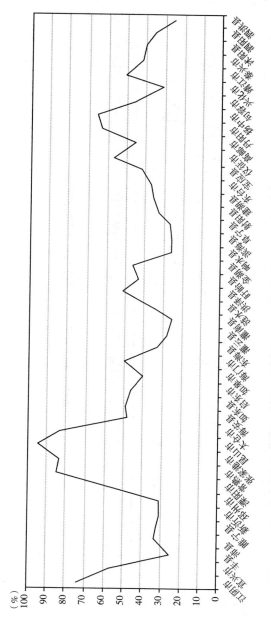

图 3 - 6　2008～2015 年江苏省各县区城镇化平均发展水平

资料来源：笔者整理。

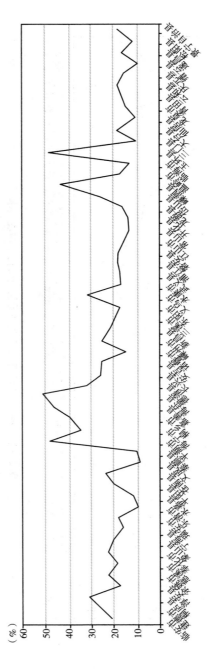

图 3 - 7　2008～2015 年浙江省各县区城镇化平均发展水平

资料来源：笔者整理。

化水平较低，始终保持在 30% 左右。从地理位置来看，江阴市、常熟市、张家港市、昆山市、太仓市五个市区都紧邻上海，丰县、沛县、睢宁县、新沂市、邳州市这五个县区位于江苏北部远离上海，而上海市的城镇化水平居长三角所有城市的首位，表明城镇化的发展具有邻近效应，城镇化水平较高的城市会促进相邻地区城镇化水平的提高。根据图 3 – 7 来看，对比江苏省，浙江省各县区的城镇化水平较低，在 2008～2015 年城镇化水平最高的县区只达到 50%。从地理位置来看，浙江省内城镇化水平较高的城市是平湖市、海盐县、玉环县，大部分集中于浙江省的北部，城镇化水平较低的城市，如文成县、泰顺县、仙居县主要集中于浙江省的南部，与江苏省内的情况正好相反。

3.2 长三角碳排放现状

碳排放一般可以由碳排放量、人均碳排放量、碳排放强度（单位 GDP 的碳排放量）等指标表征。可以看出，无论采用何种指标表征碳排放水平，首先都需要测算出碳排放量。目前国内没有关于碳排放量的直接官方数据，一般是根据各地区统计资料计算得出，主要有以下三种计算方法：一是运用煤炭、石油、天然气等一次能源的消费量乘以相对应的碳排放系数后进行加总；二是用各省（市）主要能源消费量乘以相应的碳排放系数后，加总得到该省（市）的碳排放量；三是依据中国能源平衡表中的终端能源消费量计算城镇、交通等的碳排放，碳排放系数大多采用 IPCC 发布的《国家温室气体排放清单指南》中的数据，也有学者使用国家发展改革委能源研究所等提供的数据。

3.2.1 省域碳排放量估算与分析

3.2.1.1 省域碳排放量估算

由于碳排放量没有直接的数据，而碳排放主要来源于化石燃料的燃烧，但我国化石燃料储量丰富且种类繁多，对排放源进行详尽的分类存在困难。本书借鉴国家气候变化对策协调组办公室、国家发展改革委能源研究所及相关学者的做法，提取煤炭、焦炭、原油、汽油、煤油、柴油、燃料油和天然气八种主要能源计算碳排放量。碳排放量计算公式如下：

$$CO_2 = \sum_{j=1}^{8} Q_{ij} \times C_j \qquad (3-1)$$

其中，Q_{ij} 表示以标准煤衡量的第 j 种能源在第 i 个地区的消费量，由该种能源的消费量与对应的标准煤折算系数的乘积计算得出，能源消费量以及折算系数均来源于 2004～2016 年的《中国能源统计年鉴》。C_j 是第 j 种能源相对应的碳排放系数，数据来源于《IPCC 国家温室气体排放清单指南》。折算标准煤系数以及碳排放系数如表 3-1 所示。

表 3-1　　　　　　　能源折算标准煤系数和碳排放系数值

能源种类	煤炭	焦炭	原油	汽油	煤油	柴油	燃料油	天然气
折算标准煤系数	0.7143	0.9714	1.4286	1.4714	1.4717	1.4571	1.4286	1.3300
碳排放系数（吨碳/吨标准煤）	0.7559	0.8550	0.5857	0.5538	0.5714	0.5921	0.6185	0.4226

注：折算标准煤系数的单位，天然气为千克/立方米，其余均为吨标准煤/吨。
资料来源：折算标准煤系数来源于《中国能源统计年鉴》；碳排放系数来源于《IPCC 国家温室气体排放清单指南》。

通过计算，可得 2008～2015 年苏浙沪的碳排放量如表 3-2 所示。

表 3-2　　　　　　　长三角各省份碳排放量　　　　　　单位：万吨

省份	2008 年	2009 年	2010 年	2011 年	2012 年	2013 年	2014 年	2015 年
上海	3296.29	3291.56	5219.70	5837.44	5254.82	5372.64	5001.39	4937.49
江苏	11078.08	1521.37	15768.13	18393.62	18622.58	18617.68	18202.56	18681.19
浙江	7327.15	7451.70	9546.97	10147.95	9924.58	9860.68	9840.19	9878.00

资料来源：笔者整理。

3.2.1.2　省域碳排放水平现状分析

根据表 3-2 碳排放量的测算结果，结合各地区 GDP 数据，可计算出苏浙沪地区的碳排放强度。

　　根据图 3 - 8 可以看出，在 2008 ～ 2015 年，长三角三个地区的碳排放量呈现出稳步上升的趋势，但是各个地区之间的碳排放量差异较大。其中，江苏的碳排量高于另外两个地区，样本期间碳排量最高值达到 18681.18 万吨，浙江省的碳排放量均值是上海的 2 倍，江苏省是上海的 4 倍。

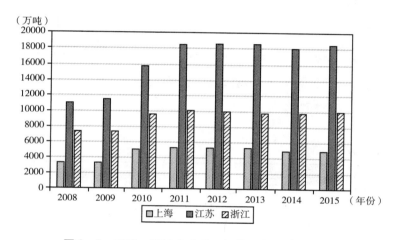

图 3 - 8　2008 ～ 2015 年上海、江苏、浙江碳排放量

资料来源：笔者整理。

　　根据图 3 - 9 可知，在 2008 ～ 2015 年，长三角地区碳排放量呈现递增趋势，在 7 年间从 2.1 亿吨增加到 3.3 亿吨；2012 年之后，长三角区域碳排放量波动较小，逐渐趋于平缓，可能是因为后期减排政策的影响。综合来看，长三角碳排放总量高，且增幅快，这说明长三角地区的碳减排形势是比较严峻的。

　　由图 3 - 10 可以看出，2008 ～ 2015 年长三角三个地区的碳排放强度呈现逐渐下降的趋势，且这三个地区的碳排放强度相差较小。由于碳排放强度往往是衡量一个地区碳减排水平的重要标志，所以结果表明长三角三个省份在碳减排技术方面的差距不大。从地理位置来看，这三个地区相互邻近，在碳减排技术方面存在溢出效应。

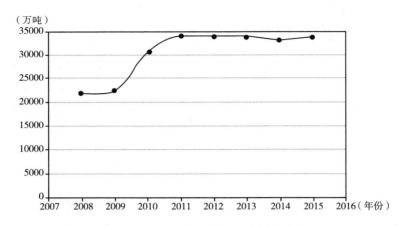

图 3 - 9 2008～2015 年长三角碳排放量

资料来源：笔者整理。

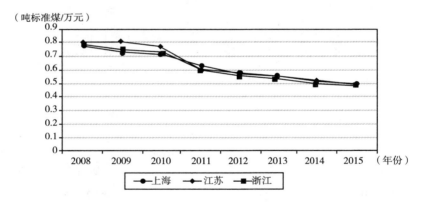

图 3 - 10 2008～2015 年上海、江苏、浙江碳排放强度

资料来源：笔者整理。

3.2.2 市域碳排放量估算与分析

3.2.2.1 市域碳排放量估算

市级各类能源的消费量数据查找较为困难，且存在缺失。部分学者采用当年实际 GDP 乘以单位 GDP 能耗进行估算，查阅文献可以发现单位

GDP 能耗的相关数据多数未曾公布，因此采用此方法估算市域层次的碳排放量不具备可操作性。通过查阅江苏省及浙江省省内所有城市的统计年鉴以及《中国城市统计年鉴》发现官方在能耗方面仅发布规模以上工业企业能源消耗量。可以计算出工业对于各种能源消耗量占能源总消耗量的比重，如表 3 - 3 所示。然后运用公式（3 - 1）的计算方法计算出江苏省、浙江省各地区各年工业企业碳排放量后除以表 3 - 3 所示的比例以此估算碳排放量（见表 3 - 4）。

表 3 - 3　　　　　规模以上工业企业能源消费量占总消费量比重　　　　单位:%

年份	省份	煤炭	焦炭	原油	汽油	煤油	柴油	燃料油	天然气
2008	江苏	96.02	100	100	9.49	17.25	20.88	83.21	76.19
	浙江	98.85	100	100	15.51	7.68	27.50	67.28	48.30
2009	江苏	95.94	100	100	7.67	10.53	16.33	84.92	70.19
	浙江	98.49	100	100	13.78	5.07	26.95	64.87	56.27
2010	江苏	96.75	100	100	6.37	7.14	15.11	69.08	75.55
	浙江	98.22	100	100	13.07	4.65	23.69	50.95	54.93
2011	江苏	98.09	100	100	4.99	4.29	13.42	56.23	71.44
	浙江	98.35	100	100	10.92	3.37	21.77	48.48	56.90
2012	江苏	98.01	100	100	4.10	2.37	9.71	41.04	72.55
	浙江	98.48	100	100	13.32	5.19	24.98	57.89	54.10
2013	江苏	98.01	100	100	4.10	2.37	9.71	41.04	72.55
	浙江	98.06	100	100	8.55	2.11	15.91	33.92	64.40
2014	江苏	98.16	100	100	3.84	1.59	11.39	34.63	70.51
	浙江	96.48	100	100	8.04	1.76	15.50	30.89	60.79
2015	江苏	98.48	100	100	3.90	1.40	9.73	27.61	68.98
	浙江	96.31	100	100	9.10	1.51	15.65	30.17	62.52

资料来源：笔者整理。

表 3-4　　　　　　　　　　长三角地区各地级市碳排放量　　　　　　　　单位：万吨

地级市	2008 年	2009 年	2010 年	2011 年	2012 年	2013 年	2014 年	2015 年
南京	6489.70	6723.10	8062.90	9455.80	9792.30	9819.50	9807.60	8592.99
无锡	4732.81	4694.58	4826.57	4967.02	4888.78	5024.24	4930.75	4857.85
徐州	2191.06	2660.79	3675.90	4834.15	5998.03	6937.84	7416.81	4804.71
常州	2942.09	3117.49	3212.06	3409.76	3473.37	3622.84	4092.24	3403.82
苏州	8258.82	8747.15	9627.46	10276.40	10350.23	10846.01	10794.67	9840.48
南通	1800.16	1739.44	2496.72	2681.59	2608.81	2622.10	2907.69	2403.58
连云港	777.20	786.26	908.33	1058.55	1213.95	1458.49	1758.67	1132.98
淮安	1536.11	1584.89	1672.33	1774.68	1782.96	1923.78	1960.69	1747.47
盐城	984.54	1035.92	1109.67	1041.45	1063.23	1077.81	1091.47	1060.64
扬州	2099.13	2158.72	2130.56	2113.19	2202.56	2161.83	1969.16	2115.29
镇江	1897.24	1994.07	2098.70	2483.14	2648.51	2748.41	3137.78	2425.55
泰州	1160.68	1213.61	1216.49	1279.54	1365.01	1444.75	1474.01	1306.05
宿迁	957.89	1023.22	1031.29	1068.24	1125.41	1133.69	1183.36	1061.91
杭州	555.29	563.96	567.24	571.85	573.40	575.76	594.74	595.13
宁波	304.09	281.64	332.91	338.55	337.27	341.25	345.02	338.29
温州	307.97	305.76	300.16	297.94	298.51	298.16	307.00	306.39
嘉兴	73.84	72.79	73.89	73.90	73.12	74.04	74.95	74.99
湖州	119.77	119.57	117.86	118.10	117.04	116.64	111.27	117.39
绍兴	111.80	75.32	106.90	106.27	102.78	260.27	256.86	182.06
金华	76.80	51.12	75.39	74.93	75.04	78.74	71.69	73.07
衢州	98.62	17.71	100.95	100.78	98.77	98.53	101.76	92.77
舟山	76.30	20.78	66.97	69.15	69.47	70.49	71.09	63.14
台州	200.32	199.53	194.64	193.02	208.07	208.96	217.39	182.21
丽水	130.26	33.70	56.89	55.50	56.97	53.32	51.41	53.26
上海	3296.29	3291.56	5219.70	5387.44	5254.82	5372.64	5001.39	4937.49

资料来源：笔者整理。

3.2.2.2　市域碳排放水平现状分析

根据表 3-4 可以得到长三角各地级市碳排放量，基于此作出长三角各市碳排放量变动趋势图（见图 3-11）。

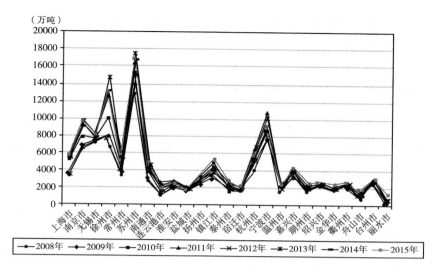

图 3-11　2008~2015 年长三角各市碳排放量变动趋势

资料来源：笔者整理。

从图 3-11 可以看出，2008~2015 年各个地级市的碳排放量呈现递增趋势，其中，苏州、徐州、宁波的碳排放量明显大于其他城市，而连云港、盐城、泰州、舟山的碳排放量较低。因为经济发展水平与碳排放量密切相关，苏州、南京、无锡等经济水平较高的城市碳排放量都在 6000 万吨以上，远远高于江苏省的其他城市。但是在整体趋势中，无锡、南京、苏州、盐城、扬州、绍兴、台州、上海八个城市在 2013 年时碳排放量达到了一个最高值，2013 年以后碳排放量表现为递减的趋势，原因可能是 2013 年以后我国整体经济转入一个新的阶段，即"经济新常态"，表现为经济发展速度放缓，能源消耗减少，提高了能源利用率，从而碳排放量逐年减少。虽然上海市的经济发展水平高，但总体上科技水平较高，碳减排技术较为领先，所以上海的碳排放量低于南京、无锡等城市。

3.2.3　县域碳排放量估算与分析

3.2.3.1　县域碳排放量估算

由于县域碳排放量数据的估算比较困难，因此，本章选择了江苏省、浙江省各个县工业生产总值占全市工业生产总值的比重为权重，对县域碳排放量进行估算。

3.2.3.2 县域碳排放现状分析

根据江苏省、浙江省各个县区碳排放量 2008～2015 年的均值作了长三角各县区平均碳排放量趋势图（见图 3 – 12 和图 3 – 13），据此对各个县区的碳排放量进行对比分析。

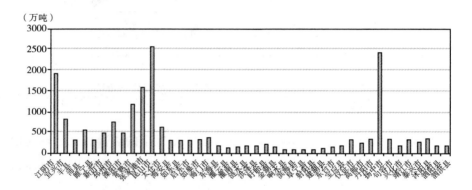

图 3 – 12 2008～2015 年长三角各县区平均碳排放量（I）

资料来源：笔者整理。

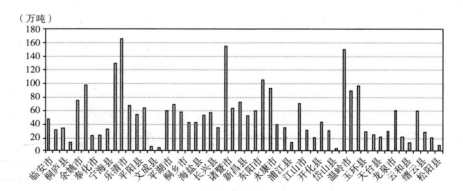

图 3 – 13 2008～2015 年长三角各县区平均碳排放量（II）

资料来源：笔者整理。

从图 3 – 12 和图 3 – 13 可以看出，江苏省、浙江省各个县区的平均碳排放量存在明显的差异，江苏省的平均碳排放量明显高于浙江省的平均碳排放量，其中，江阴市、昆山市、张家港市、扬中市的碳排放量都在 1500 万吨以上，而浙江省各县区的最高平均碳排放量均低于 180 万吨。另外，长三角各县区中平均碳排放量分布具有明显的区域性特征，其中浙江省内各个县区碳排放量的差异不大且均保持在较低的水平，而江苏省内各县区碳排放量的差异比较大。

3.3　本章小结

本章首先分析了长三角地区的城镇化发展现状，结果表明，上海的城镇化水平明显高于江苏省、浙江省；江苏、浙江两省内，区域间的城镇化水平差异较大，距离上海越近，城镇化水平越高；城镇化水平较低的地区，其未来城镇化存在巨大的发展潜力。

其次，分别估算了省域、市域、县域尺度下长三角地区的碳排放量，并对其现状进行了分析。省域尺度之下，从时间维度来看 2008～2011 年三区域的碳排放水平均呈现震荡上升的态势，2011 年后三区域的碳排放水平逐渐趋于稳定。江苏省的碳排放水平最高，上海、浙江两省份的差异相对较小。市域尺度下，长三角城市群内部碳排放量的区域差别非常大，其中，长三角中部地区碳排放量高，北部与南部的碳排放量相对比较低，区域间发展的不平衡导致了碳排放量的巨大差异。县域尺度下，浙江省各县区间碳排放量的差异小于江苏省。

第4章

长三角"人口—土地—经济—社会"城镇化发展的耦合协调性评价

改革开放以来，中国城镇化基础设施逐步完善，城镇人口迅速增长，规模不断扩大，城镇化建设取得显著成效。但与此同时，中国城镇化进程中仍存在诸多问题，如片面关注城镇土地开发，而忽略人口城镇化，致使人口城镇化程度远低于土地城镇化；盲目进行公路、地产等设施投资，导致城市综合承载力较弱等（刘勇，2011）。因此，要实现新型城镇化建设，这些问题亟待解决。事实上城镇化是社会经济发展的复杂过程，包括人口、土地、经济、社会四个维度，而以上问题的解决，最基本的是做好在此四个维度下的协调发展。中国新型城镇化目标明确指出，人口、土地、经济、社会四个维度下的城镇化达到相对协调，有助于加速中国城镇化进程。长三角地区作为我国经济发展的领头地区之一，城镇化进程也领先于其他地区，其在城镇化发展进程中所暴露出来的问题具有典型性（镇风华等，2016），对其"人口—土地—经济—社会"协调耦合的研究有助于深入了解其城镇化发展质量与发展规律，为新型城镇化政策的制定提供参考。

4.1 评价指标体系构建

依据新型城镇化的基本内涵并参考已有文献（范海英，2016；王丽艳，

2015），构建长三角人口—土地—经济—社会城镇化耦合协调度评价指标体系（见表 4-1），充分体现了新型城镇化"以人为本，科学发展"的基本要求。

表 4-1　　　　"人口—土地—经济—社会"城镇化综合评价指标

评价层次	评价指标	计算方法	指标属性
人口城镇化	城镇人口比重（%）	城镇人口/（城镇人口 + 农村人口）	正向
	第二、第三产业从业人员比重（%）	第二、第三产业从业人员/年末总从业人员	正向
	城镇登记失业率（%）	失业人口/城镇从业者	负向
	户籍人口与常住人口之比（%）	户籍人口/常住人口	正向
土地城镇化	建成区面积所占比（%）	建成区面积/行政区面积	正向
	城镇人均住房面积（平方米）	住房总面积/户籍年末总人口	正向
	建成区绿化覆盖率（%）	绿地/城市建设用地面积	正向
	人均城市道路面积（平方米）	城市道路总面积/户籍年末总人口	正向
经济城镇化	第二、第三产业产值占 GDP 的比重（%）	第二、第三产业总产值/GDP	正向
	进出口总额占地区 GDP 的比重（%）	进出口总额/GDP	正向
	单位 GDP 能源消费量（吨标准煤/万元）	能源消耗总量/GDP	负向
	GDP 增长率（%）	两年之间国内总产值的变化率	正向
	在岗职工平均工资（元/人）	在岗职工工资总额/在岗职工人数	正向
社会城镇化	社会保障和就业支出比重（%）	社保就业支出/公共预算支出	正向
	医疗卫生支出比重（%）	医疗卫生支出/公共预算支出	正向
	每万人口医生数（人/万人）	当年医生数/常住人口数	正向
	万人在校大学生数（人/万人）	当年在校大学生数/常住人口数	正向

资料来源：笔者整理。

选取长三角地区 16 个地级市 2005～2015 年的数据进行分析，数据均来源于历年的《上海市统计年鉴》《江苏省统计年鉴》《浙江省统计年鉴》

以及各市统计年鉴和统计局官方网站。

4.2 耦合协调模型构建

在信息论中，熵是对不确定性的一种度量。信息量越大，不确定性就越小，熵也就越小；信息量越小，不确定性越大，熵也就越大。根据熵值的特性，本书构建了以下人口—土地—经济—社会协调度模型。

（1）max-min 无量纲化处理。

$$r_{ij} = [r_{ij} - \min(r_{ij})]/[\max(r_{ij}) - \min(r_{ij})], r_{ij} \text{ 为正标} \quad (4-1)$$

$$r_{ij} = [\max(r_{ij}) - r_{ij}]/[\max(r_{ij}) - \min(r_{ij})], r_{ij} \text{ 为负标} \quad (4-2)$$

其中，r_{ij} 为数据标准化的值，表示第 j 个市在第 i 个指标上的标准化值（$i = 1, 2, \cdots, m; j = 1, 2, \cdots, n$），$\max(r_{ij})$ 和 $\min(r_{ij})$ 分别为 r_{ij} 指标的最大值和最小值。

（2）熵值法计算指标权重。

首先，计算第 i 个指标的熵：

$$H_i = -k \sum_{j=1}^{n} f_{ij} \ln f_{ij} \quad (4-3)$$

其中，$f_{ij} = r_{ij} / \sum_{j=1}^{n} r_{ij}, k = 1/\ln n$。

其次，计算第 i 个指标的熵权：

$$W = (1 - H_i)/m - \sum_{i=1}^{m} H_i \quad (4-4)$$

得到各指标的权重 $W_i, \sum_{i=0}^{m} W_i = 1$。

（3）耦合协调度模型。

进行线性加权：

$$I_k(r) = \sum_{i=1}^{m} W_i r_{ij} \quad (4-5)$$

其中，$I_k(k = 1, 2, 3, 4)$ 分别记为人口城镇化指数、土地城镇化指数、经济城镇化指数、社会城镇化指数。

构造耦合协调度模型（朱江丽和李子联，2015）：

$$C - \left\{ \frac{I_1 \times I_2 \times I_3 \times I_4}{\left[(I_1 + I_2 + I_3 + I_4)/4 \right]^4} \right\}^{\frac{1}{4}} \quad (4-6)$$

$$T = \alpha I_1 + \beta I_2 + \gamma I_3 + \sigma I_4 \quad (4-7)$$

$$D = \sqrt{T \times C} \quad (4-8)$$

其中，C 为耦合度，T 为人口—土地—经济—社会城镇化综合评价指数，D 为耦合协调度。α、β、γ、σ 为特定权重，本书假定人口、土地、经济、社会城镇化同样重要，因此赋权重为：$\alpha = \beta = \gamma = \sigma = 0.25$。且 D 值越高，说明人口—土地—经济—社会城镇化发展越协调，反之，则越不协调。

（4）系统协调发展评价标准。

对于系统协调发展的评价标准，本书参照目前大多数国家和国际组织普遍采纳的协调度等级划分方法（范斐等，2013；刘法威等，2014），并结合长三角地区城镇化的实际情况，将人口—土地—经济—社会城镇化耦合度和耦合协调度划分如下。

耦合度划分标准：当 $C = 1$ 时，耦合度最大，系统之间或系统内部要素之间达到良性共振耦合，系统将趋向新的有序结构；当 $C = 0$ 时，耦合度极小，系统之间或系统内部要素之间处于无关状态，系统将趋向无序发展。耦合度详细划分如表 4-2 所示。

表 4-2　　　　　　　　　　　耦合度级别划分

耦合度指数区间	耦合度等级
$0 < C \leqslant 0.3$	严重拮抗时期
$0.3 < C \leqslant 0.4$	中度拮抗时期
$0.4 < C \leqslant 0.5$	轻度拮抗时期
$0.5 < C \leqslant 0.7$	磨合阶段
$0.7 < C \leqslant 0.8$	中等水平耦合阶段
$0.8 < C \leqslant 0.9$	中高水平耦合阶段
$0.9 < C < 1.0$	高水平耦合阶段

资料来源：笔者整理。

耦合协调度划分标准：当 $0 < D \leqslant 0.4$ 时，为低度协调耦合；当 $0.4 < D \leqslant 0.5$ 时，为中度协调耦合；当 $0.5 < D \leqslant 0.8$ 时，为中高协调耦合；当 $0.8 < D \leqslant 0.9$ 时，为高度协调耦合；当 $0.8 < D \leqslant 1.0$ 时，为极度协调耦合。

4.3 "人口—土地—经济—社会" 城镇化指数测算与分析

根据上述研究方法与指标体系，选取长三角地区平均城镇化指数进行评价，具体结果如表4－3所示，同时为了更加直观地描述长三角地区2005～2015年人口、土地、经济、社会城镇化指数的变动趋势，绘制了图4－1。

表4－3　　2005～2015年长三角地区平均人口、土地、经济、社会城镇化指数

年份	人口城镇指数	土地城镇化指数	经济城镇化指数	社会城镇化指数
2005	0.0170	0.0179	0.0106	0.0296
2006	0.0803	0.1112	0.0363	0.0714
2007	0.1157	0.1924	0.0584	0.1644
2008	0.1253	0.1651	0.1191	0.2235
2009	0.3644	0.3241	0.2073	0.2827
2010	0.4109	0.3658	0.1796	0.3341
2011	0.4889	0.2205	0.1915	0.2489
2012	0.5813	0.2607	0.2794	0.4053
2013	0.6339	0.3525	0.2648	0.3997
2014	0.6384	0.2868	0.2507	0.3001
2015	0.6329	0.2211	0.2366	0.2006
均值	0.3717	0.2289	0.1667	0.2419

资料来源：笔者整理。

人口城镇化指数越大，在一定程度上说明有更多的人口居住在城镇，同时也表明人口城镇化水平越高。如表4－3所示，2005～2014年长三角平均人口城镇化指数从0.0170增加到0.6384，逐年增长。表明长三角地

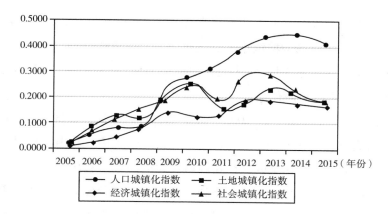

图 4 – 1　2005 ~ 2015 年长三角地区平均人口、土地、经济、社会城镇化指数趋势

资料来源：笔者整理。

区人口城镇化水平逐年增加，到 2014 年达到最高点，2015 年有所降低。土地城镇化指数在较大程度上说明了城镇建设用地情况。从表 4 – 3 可以看出，长三角地区土地城镇化指数 2005 ~ 2013 年整体处于增长的趋势，中间偶有波动，其中 2009 年土地城镇化指数相比之前几年数值较大。2014 年之后土地城镇化指数开始缩小。

经济城镇化指数也可以在一定程度上对各个城市的经济发展情况进行评价。从表 4 – 3 可知，经济城镇化指数从 2005 年的 0.0106 逐年增加至 2012 年的 0.2794，2013 年开始出现下滑的趋势。这是因为 2013 年开始我国经济进入新常态，意味着我国经济发展的条件和环境已经或即将发生重大转变，如经济发展速度有所下降、产业结构优化升级等。2013 年之后，经济发展速度由之前的高速增长转变为中高速增长，经济城镇化水平有所降低。经济城镇化与人口、土地、社会三个维度下的城镇化是相辅相成、共同发展的，因此经济状况的变化对其他维度下城镇化的发展会产生相应的影响。2013 年随着长三角地区经济发展的放缓，人口、土地、社会城镇化指数也相对降低。

从发挥城市功能的角度来看，社会发展质量反映了新型城镇化发展中"以人为本"宗旨的贯彻程度，而社会城镇化指数则在一定程度上表现了社会发展质量，同时通过社会城镇化指数的大小更加直观地对城镇体系保证其自身再生产和扩大再生产的正常运行能力作出了反映。由表 4 - 3 可知，2005 ~ 2012 年社会城镇化指数逐年增加，由 2005 年的 0.0296 增加至 2012 年的 0.4053，说明近年来我国社会城镇化发展良好。2013 年之后，社会城镇化指数有所降低。

整体来看，长三角地区 2005 ~ 2015 年人口、土地、经济、社会城镇化指数的均值分别为 0.3717、0.2289、0.1667、0.2419。其中人口城镇化指数的数值相对较大，这是因为在我国城镇化的建设过程中，大多数地区优先发展人口城镇化，长三角地区亦如是，人口城镇化发展已趋于成熟。近几年社会城镇化指数后来居上，国家及各级政府越来越重视城镇化发展的质量，而不是只追求速度，社会基础设施的建设、社会保障制度的完善等在一定程度上反映了城镇化发展的质量，社会城镇化得到足够的重视。由于 2008 年全球经济危机的影响以及 2013 年以来进入经济新常态，经济城镇化指数相比其他城镇化指数均值相对较小。人口、土地、经济、社会城镇化不是四个单方面的城镇化维度，而是一个关系密切的整体，所以在城镇化过程中，要注重人口、土地、经济、社会各个方面的协调，不可忽视任何一方面。

4.4 "人口—土地—经济—社会" 城镇化耦合协调度的空间差异

图 4 - 2 是根据长三角地区 2005 ~ 2015 年人口—土地—经济—社会城镇化耦合协调度所作的雷达图。进一步将人口—土地—经济—社会城镇化耦合协调度划分为低度、中度、中高、高度和极度五个等级。目前来看，由于中国的城镇化还处于初期阶段，尽管长三角地区的城镇化水平较高，但各个地级市人口—土地—经济—社会四个维度下的城镇化耦合协调度大部分还处于中等协调类型，与此同时长三角地区的城镇化发展状况仍表现出一定的突出特征。

2005 ~ 2013 年长三角各城市耦合协调度在波动中呈现上升趋势，总体

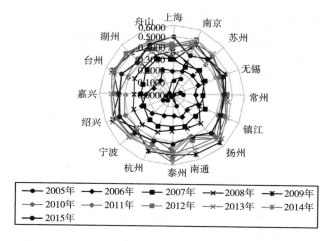

图 4 - 2 长三角地区 16 个地级市人口—土地—经济—

社会城镇化耦合协调度雷达图

资料来源：笔者整理。

发展良好。其中，2005~2008 年长三角地区各城市人口—土地—经济—社会城镇化均处于低度协调耦合；2009 年有 15 个城市城镇化进程达到中度协调耦合，低度协调耦合城市只有 1 个；到 2013 年长三角地区有 6 个城市处于耦合协调高水平，剩下的 10 个城市均达到中度协调耦合。2013 年之后城镇化发展耦合协调度有所降低，这是因为 2013 年我国经济开始进入新常态，经济发展由以前的高速增长转变为中高速增长，对于经济发展不再只注重速度，而是在保持经济增长的同时，提高经济发展的质量。随着经济增速的放缓，人口、土地、社会城镇化发展同时受到影响。经济增速放缓期间，其在表面上表现为土地城镇化的加速发展，从而与经济城镇化拉开距离，形成不可避免的"剪刀差"，进一步造成人口—土地—经济—社会城镇化整体维度上的发展不协调。所以到 2015 年，长三角地区 3 个城市处于高度耦合协调水平，10 个城市处于中度水平，3 个城市处于低水平。

为了进一步辨别长三角不同城市人口—土地—经济—社会城镇化的耦合及协调耦合状态，根据前文提出的协调发展分类标准，得出长三角 16 个城市 2015 年人口—土地—经济—社会城镇化进程的耦合发展程度，评价结果如表 4-4 所示。

表4-4　　2015年长三角地区各个城市耦合度、耦合协调度及类型辨别

城市	耦合度	耦合协调度	耦合阶段与协调发展类型
上海	0.7110	0.2481	中等水平低协调耦合
南京	0.5763	0.4504	磨合时期中度协调耦合
苏州	0.6817	0.3926	磨合时期低度协调耦合
无锡	0.8817	0.4379	中高水平中度协调耦合
常州	0.6493	0.4415	磨合时期中度协调耦合
镇江	0.7070	0.4000	高等水平低度协调耦合
扬州	0.4278	0.5119	轻度拮抗时期高度协调耦合
南通	0.6789	0.4673	磨合时期中度协调耦合
泰州	0.4792	0.4666	轻度拮抗时期中度协调耦合
杭州	0.9389	0.5164	高水平高度协调耦合
宁波	0.7121	0.3511	中等水平低协调耦合
绍兴	0.6618	0.4998	磨合时期中度协调耦合
嘉兴	0.9510	0.4112	高水平中度协调耦合
台州	0.9034	0.5204	高水平高度协调耦合
湖州	0.9086	0.4657	高水平中度协调耦合
舟山	0.4239	0.4348	轻度拮抗时期中度协调耦合

资料来源：笔者整理。

通过表4-4可以发现，2015年长三角地区各个城市的耦合度处于低水平到高水平的范围内，大部分城市耦合良好。整体来看，扬州、杭州、台州等地人口—土地—经济—社会城镇化协调程度处于高水平，与长三角地区其他城市相比协调程度较高，表明这些城市城镇化的组成要素发展较为协调，产业结构良好，有效地带动了农村人口转移，提高了人口城镇化水平。同时经济得到一定的保障，城镇土地扩张得到有效控制，土地集约利用水平相对合理，土地城镇化与人口、经济城镇化发展速度协调一致。社会城镇化与人口、经济城镇化相适应，保障了社会公共设施的建设，满足了城镇人口的需求。上海、苏州、镇江、宁波发展较为不协调，因为其没有全局地考虑城镇化的建设，只注重一个方面或

几个方面，忽略了整体协调的重要性，导致城镇化发展质量不高。其他城市城镇化均处于中度协调范围。综上所述，长三角地区各个城市的人口—土地—经济—社会城镇化发展协调程度还有待提高，大部分城市均处于中度协调的范围，协调程度不高，需有效调整产业结构，提高经济城镇化水平，以经济带动人口向城镇转移，同时提高土地城镇化质量，在此基础上发展社会城镇化。

4.5　本章小结

本章通过构造人口—土地—经济—社会城镇化耦合协调度指标评价体系，对长三角地区整体以及各个城市作了实证分析，得到以下主要结论。

第一，2005～2015年长三角地区整体城镇化发展状况如下：2005～2013年长三角地区人口、土地、经济、社会城镇化指数整体处于逐年增长趋势，中间偶有波动。除人口城镇化指数2005～2014年持续增长，直到2015年有所减小之外，土地、经济、社会城镇化指数均从2013年开始出现递减趋势。进一步表明2013年中国经济新常态的出现对于四个维度下城镇化的发展产生了一定的影响。从整体来看，长三角地区2005～2015年人口城镇化指数均值大于土地、经济、社会城镇化指数均值，在一定程度上说明长三角地区人口城镇化发展较为成熟。

第二，市域视角下长三角地区人口—土地—经济—社会城镇化耦合协调度具有一定的差异。整体来看，2005～2013年长三角地区各个城市的耦合协调程度基本处于逐年增加的趋势，但2013年之后由于经济进入新常态，对经济城镇化产生了一定的影响，而人口、土地、经济、社会城镇化的四个维度是紧密相关的，因此，人口—土地—经济—社会城镇化耦合协调度在2013年之后相对变小。对2015年长三角地区各个城市耦合度及耦合协调度的分析发现，2015年长三角地区各个城市的耦合度均处于低水平到高水平的范围内。其中，扬州、杭州、台州等地人口—土地—经济—社会城镇化协调程度处于高水平，说明这些城市的组成要素发展较为协调。上海、苏州、镇江、宁波城镇化的发展较为不协调，呈现低度协调耦合，表明这些城市的城镇化发展质量有待提高。长三角地区其他城市的城镇化均处于中度协调范围。整体来看长三角地区的城镇化耦合协调度有待提高。

第 5 章

长三角城镇化发展的收敛性

改革开放以来,我国城镇化以前所未有的速度发展。一方面,城乡人口流动是导致人口城镇化的重要原因(Shang et al.,2018);另一方面,城镇化的发展也促进了人口在区域范围内的流动和迁移(De Sherbini et al.,2007)。截至 2016 年,中国的流动人口规模为 2.45 亿人,虽然比 2015 年末减少了 171 万人,但仍在中国总人口中占较大比重。城镇化水平由 1978 年的 17.92% 上升到 2016 的 57.35%,年平均增长率达到了 1.03%。[①] 城市作为地域经济、政治、文化、交通等聚焦点,它众多的就业机会、完善的基础设施以及良好的教育环境等都对周边地区具有一定的吸引力,这些比较优势都促使了人口从农村向城市的流动。大规模的人口流动迁移成为中国当前乃至以后很长一段时间内人口发展及经济社会发展中的重要现象。

中国地域辽阔,由于各地的要素禀赋和技术水平的不同,各个地区的经济发展水平存在一定差距,相同地,各个省份的城镇化率也存在较大差距。2016 年,中国全国的城镇化率为 57.35%,其中上海市和北京市的城镇化率分别高达 87.9%、86.5%,而贵州和甘肃的城镇化率分别为 44.15%、44.69%,远低于全国水平。日益增长的城乡收入差距、城市间人口分布的不均衡以及不平衡的城市经济结构成为中国城镇化发展最鲜明的特征(Henderson et al.,2009)。中国共产党第十九次全国代表大会报告

---

① 资料来源:《中国统计年鉴 2017》。

中提出"实施区域协调发展战略，以城市群为主体构建大中小城市和小城镇协调发展的城镇格局，加快农业转移人口市民化"。而各地区间城镇化水平差距的缩小将对区域经济和社会的协调发展具有重要作用。

当前，中国仍处于城镇化快速发展的阶段。经济增长、工业化发展、土地政策等都是影响中国城镇化的重要因素（Buhaug and Urdal，2013；Gu et al.，2017）；由于各地区城镇化发展的影响因素和作用效果不同，各地区城镇化发展速度和水平高低也不尽相同，中国的城镇化水平存在明显的区域差异性（Yuan et al.，2018）。此外，人口在空间范围内的迁入和迁出也会影响到城镇化水平的差异性。中国的城镇化是一个备受全球瞩目的事件（Yang，2013），特别是自2014年《国家新型城镇化规划（2014～2020年）》颁布以来（Zhu，2014），推动土地城镇化向人口城镇化转变成为中国建设新型城镇化的重要内容，以期能解决中国城镇化进程中人口分布不均等问题（Chen et al.，2016）。关于城镇化水平差距的问题尽管已经得到多数学者的关注，但直接研究人口迁移对城镇化水平差距影响的却寥寥无几，且采用衡量区域城镇化差异的指标较为简单（Liu et al.，2015）。此外，关于收敛性的文献主要集中在对经济增长和收入水平的研究上（Quah，1996；Li et al.，2018；DiCecio and Gascon，2010），较少涉及对城镇化发展水平的收敛测度。因此，参考索罗－斯旺（Solow-Swan）的经济收敛理论，本章从收敛的视角研究中国长三角城市群城镇化水平差异的变动趋势，并将空间因素纳入城镇化分析体系中去，考虑人口在地区间的流入和流出对城镇化收敛的影响；此外，为了使本章的研究更为丰富，将珠三角以及京津冀这两大城市群作为比较的对象，从而就长三角的城镇化发展提出更直观、有针对性的建议。

5.1 收敛性检验方法

随着城镇化进程的不断推进，农村人口流向城市或农村人口的就近转移都影响着城镇化的空间格局分布。因此，本章将空间因素加入到人口流动对城镇化影响的分析中。

5.1.1　空间权重矩阵

空间权重矩阵表达了各个空间单元间的邻近关系。一般而言，空间权重矩阵多是从地理位置上来确定的，通常采用邻近标准和距离标准来定义。考虑到人口流动以及城镇化分布并不是简单的邻接关系，因此这里选择距离空间权重矩阵。参考埃尔霍斯特（Elhorst，2010）的研究成果，倒数化的空间距离权重矩阵 W 及其中的元素 w_{ij} 设置如下：

$$w_{ij} = \begin{cases} \dfrac{1}{d_{ij}} & i \neq j \\ 0 & i = j \end{cases} \qquad (5-1)$$

其中，d_{ij} 是位置 i 到位置 j 的距离。

5.1.2　空间自相关分析

传统的统计学理论一般都假定观测数据之间是相互独立的。然而，我们研究所用到的数据，特别是空间数据，独立观测值在现实生活中并不存在。对于具有地理空间属性的数据。根据地理学第一定律，"任何事物在空间上都是关联的；距离越近，关联程度就越强；距离越远，关联程度就越弱"，一般认为离得近的变量之间比在空间上离得远的变量之间具有更加密切的关系。因而，在处理横截面数据和面板数据时，我们还要考虑空间效应问题。空间效应主要分为空间相关性和空间异质性。空间相关性一般通过全局 Moran's I 指数检验（Moran，1950），全局 Moran's I 指数用于分析空间数据在整个系统内表现出的分布特征，其公式定义如下所示：

$$I = \frac{n \sum_{i=1}^{n} \sum_{j=1}^{n} w_{ij}(x_i - \bar{x})(x_j - \bar{x})}{\left(\sum_{i=1}^{n} \sum_{j=1}^{n} w_{ij}\right) \sum_{i=1}^{n} (x_i - \bar{x})^2} \qquad (5-2)$$

其中，$\bar{x} = \dfrac{1}{n}\sum_{i=1}^{n} x_i$，$x_i$ 表示区域 i 的观测值，这里表示为城镇化率，n 为地

区个数，W 表示空间权重矩阵。Moran's I 指数取值在 $-1 \sim 1$，越接近 1 表明变量具有越强的正空间相关性，越接近 -1 表示变量具有越强的负空间相关性，取值越接近 0 表明相关性越弱。

5.1.3 收敛性检验

经济收敛理论起源于索罗－斯旺的新古典增长模型，其基本思想为边际报酬递减规律使得落后经济体的发展速度快于发达经济体，最终不同经济体的经济水平会收敛于稳态。收敛模型主要包含 σ 收敛和 β 收敛。

（1）σ 收敛。

σ 收敛认为，不同经济体的经济水平差异将会随时间的推移而趋于下降。检验 σ 收敛的方法有 σ 系数、锡尔指数、变异系数（CV）等，其中 σ 系数是检验 σ 收敛的主要衡量指标，因而采用变异系数和 σ 系数来分析长三角、珠三角以及京津冀城镇化水平的 σ 收敛特征。其中 σ 系数的公式如下所示：

$$\sigma = \sqrt{\frac{\sum (\ln y_{it} - \overline{\ln y_t})^2}{n}} \qquad (5-3)$$

其中，y_{it} 为某地区在 t 时期的城镇化率，$\overline{y_t}$ 为 t 时期各地区城镇化率的平均数，n 为地区个数。

（2）β 收敛。

β 收敛是指不同经济体的经济水平与初始经济水平呈负相关关系，具体而言就是说经济收入水平落后的地区，其增长速度比经济水平较高的地区要快，形成一种后富追赶先富的现象，它分为绝对 β 收敛和条件 β 收敛两种。绝对 β 收敛认为，若不同的地区拥有相同的经济基础，那么它们最终会达到相同的稳态水平。条件 β 收敛则认为，不同经济体将会收敛于各自的稳定水平，即落后地区可能会收敛于自身的稳态水平，而不是向发达地区收敛。

5.1.4 空间计量模型

考虑到空间效应，空间面板模型能较好地反映不同因素对城镇化收敛

的空间作用。根据空间相关性表现形式的不同，空间面板模型主要有三种
类型：空间滞后面板模型（SLPM）、空间误差面板模型（SEPM）和空间
杜宾面板模型（SDPM）。由于空间杜宾面板模型不仅考虑了因变量的空间
相关性，也考虑了自变量的空间相关性。根据本章的研究内容，将空间杜
宾面板模型作为基础模型构建收敛性检验模型。首先，为了探究城镇化发
展过程中是否存在收敛性，包含空间效应的模型 1 如式（5-4）所示。

模型 1：

$$\ln \frac{y_{i,t}}{y_{i,t-1}} = \alpha + \beta_0 \ln y_{i,t-1} + \rho W \ln \frac{y_{i,t}}{y_{i,t-1}} + \varphi_0 W \ln y_{i,t-1} + \varepsilon_{i,t} \quad (5-4)$$

其中，y 为城镇化率，$\frac{y_{i,t}}{y_{i,t-1}}$ 用来测度收敛性（Rios and Gianmoena，2018），
W 为空间权重矩阵，β_0 为自变量 y 的估计系数，ρ 是被解释变量的空间回
归系数，φ_0 表示解释变量的空间回归系数，ε_{it} 是随机误差项，i 和 t 分别表
示地区和时间。

本章将经济水平（gdp）、产业结构（ind）、收入水平（income）和基
础设施建设（road）作为可能影响城镇化收敛的潜在因素（Han et al.，
2012；Maparu and Mazumder，2017；Wu and Rao，2017；Zeng et al.，
2019）纳入模型 2 中。

模型 2：

$$\ln \frac{y_{i,t}}{y_{i,t-1}} = \alpha + \beta_0 \ln y_{i,t-1} + \sum_{j=1}^{4} \beta_j \ln X_j + \varphi_0 W \ln y_{i,t-1} + \sum_{j=1}^{4} \varphi_j W \ln X_j + \varepsilon_{i,t}$$

$$(5-5)$$

其中，W 是空间权重矩阵，X_j 为控制变量，$j=1$，2，3，4，分别代表 gdp，
ind，income 和 road，β_j 为因变量 y 的回归系数，φ_j 表示控制变量的空间回
归系数，ε_{it} 为误差项。

流动人口是中国城镇化进程的核心主体，是城市规模增长的主要贡献
者。模型 3 进一步纳入人口流动变量来分析人口流动对城镇化收敛的影响。
最终，人口流动与城镇化收敛的空间计量模型如式（5-6）所示。

模型3：

$$\ln \frac{y_{i,t}}{y_{i,t-1}} = \alpha + \beta_0 \ln y_{i,t-1} + \sum_{j=1}^{5} \beta_j \ln X_j + \rho W \ln \frac{y_{i,t}}{y_{i,t-1}} + \varphi_0 W \ln y_{i,t-1} +$$

$$\sum_{j=1}^{5} \varphi_j W \ln X_j + \varepsilon_{i,t} \qquad\qquad (5-6)$$

其中，y 为城镇化率，W 是空间权重矩阵，解释变量 X_j 中加入了人口流动变量，$j = 1$，2，3，4，5，分别代表 gdp，ind，$income$，$road$ 和 $people$。

5.2 变量选取与数据处理

本章基于 2005～2016 年长三角、珠三角和京津冀三个城市群的面板数据来检验人口流动和城镇化收敛之间的关系。所有数据均来自 2006～2017 年的《中国城市统计年鉴》《江苏统计年鉴》《浙江统计年鉴》《广东统计年鉴》《河北经济年鉴》。由于户籍制度的存在，中国对城镇化水平的衡量有不同的标准，其中，第一种是采用城镇户籍人口占总人口的比重来衡量，而第二种是运用城镇常住人口占总人口的比重来衡量。但户籍人口城镇化率普遍低估了中国各地区的城镇化水平。因此，本章将用第二种度量方法来表示城镇化率。此外，城镇化是一个复杂的系统，其发展受到诸多因素的影响。在本章的研究中，我们最终分别从人口、经济、产业、薪资和环境五个方面选取了五个代表性指标来探索这些因素对区域间的城镇化差距的作用。

（1）人均地区生产总值（gdp）：人均地区生产总值是衡量经济发展水平的规模指标，城镇化率与经济发展水平息息相关，经济的发展会吸引更多的劳动力向城镇集聚，从而促进城镇化的发展，因此预期符号为正。

（2）产业结构（ind）：以第二、第三产业生产总值占地区生产总值的比重表示，产业结构调整带来城镇生产性服务和消费性服务不断增加，产生大量就业机会，吸纳了大量第一产业的劳动力，加之第二、第三产业主要集聚在城镇中，劳动力的大量涌入必将对城镇化发展产生正向影响。

（3）城镇人均可支配收入（*income*）：城镇较为优越的条件是吸引农村劳动力流入的主要动力，人均可支配收入越高，人口流入的意愿也越强。因此，城镇人均可支配收入会促进城镇化的发展。

（4）基础设施建设（*road*）：以人均道路面积表示，基础设施建设需要大量劳动力投入，由此会吸引大量的外来务工人员，使得人口从城乡向城镇转移；同时，基础设施为其他物质生产提供了便利的生产条件和流通渠道，促进经济发展，进而对城镇化产生影响，因此基础设施的发展与城镇化也有正向关系。

（5）人口流动（*people*）：由于中国户籍制度的存在，中国人口流动分为两种类型：一种是伴随户口变动的人口流动；另一种是未发生户口变动的人口流动。本书主要考虑未发生户口变动的人口流动对城镇化的影响。考虑到现有资料对市级层面人口流动数据的统计相对缺乏且不成体系，因而，本书通过计算地区年度人口净流入来表征地区人口流动，其中，人口净流入是通过地区常住人口减去户籍人口计算得出。

变量说明如表 5-1 所示。

表 5-1　　　　　　　　　　　　　变量说明

	变量	符号表示	衡量指标	文献参考
被解释变量	城镇化	*urban*	城镇常住人口/总人口 × 100%	郑和沃尔什（Zheng and Walsh，2019）
解释变量	人均地区生产总值	*gdp*	地区生产总值/总人口	王等（Wang et al.，2019）
	产业结构	*ind*	（第二产业生产总值 + 第三产业生产总值）/地区生产总值×100%	韩等（Han et al.，2012）
	城镇人均可支配收入	*income*	总收入水平/城镇常住人口×100%	苏等（Su et al.，2015）
	基础设施建设	*road*	道路面积/总人口×100%	罗等（Luo et al.，2018）；孙等（Sun et al.，2019）
	人口流动	*people*	人口净流入 = 常住人口 - 户籍人口	阿里乌等（Ariu et al.，2016）

资料来源：笔者整理。

5.3 城镇化发展与人口流动的空间格局演变规律

5.3.1 长三角、珠三角和京津冀城市群概况

长三角、珠三角和京津冀是中国综合发展基础最好的三大城市群，凭借其各自的优势，在中国社会经济发展中有重要的作用。同时，长三角、珠三角和京津冀也是中国人口集聚程度最高的地区。2016 年，仅三大城市群的常住人口就达到了 1.9 亿人，占全国总人数的 13.7%。长三角城市群位于中国大陆东部沿海地区，面积约 11.3 万平方公里，主要包括上海、南京、苏州、无锡、常州、南通、扬州、镇江、泰州、杭州、宁波、舟山、台州、嘉兴、湖州、绍兴 16 个城市。珠三角城市群位于中国广东省中南部、珠江入海口处，与东南亚地区隔海相望，它主要包括肇庆、江门、中山、东莞、惠州、深圳、珠海、广州、佛山 9 个城市。京津冀位于中国的华北地区，它是中国的"首都经济圈"，主要包括北京、天津、石家庄、衡水、廊坊、邢台、沧州、保定、唐山、秦皇岛、邯郸、承德、张家口 13 个城市。

5.3.2 城镇化的空间格局演变规律

利用四分位图方法将长三角、珠三角和京津冀各城市的城镇化水平划分为四个等级，如表 5 - 2 所示。从中可以看出，长三角、珠三角和京津冀城镇化水平具有以下的时空演变特征。

（1）各城市群之间的城镇化发展水平存在较大的差异。2005 年，三大城市群的城镇化发展水平都较低，长三角和京津冀城市群的城镇化率主要集中在 30% ~ 50%，珠三角的城镇化水平明显高于长三角和京津冀，大部分地区的城镇化率都达到了 50% 以上。2010 年，长三角的城镇化率主要集中在 50% ~ 70%，珠三角大部分地区的城镇化率都达到了 60% 以上，京津

表 5 − 2　　　长三角、珠三角和京津冀城市群城镇化的时空演变情况

城镇化水平划分		30.1% ~47.5%	47.6% ~65%	65.1% ~82.5%	82.6% ~100%
长三角	2005 年	泰州、南通、嘉兴、台州	扬州、镇江、常州、湖州、舟山、杭州、绍兴、宁波	上海、苏州、无锡、南京	无
	2010 年	无	泰州、湖州、嘉兴、台州、扬州、南通、绍兴	常州、苏州、宁波、舟山、镇江	上海、杭州、南京、无锡
	2016 年	无	泰州、湖州、嘉兴、台州	扬州、南通、绍兴、常州、苏州、宁波、舟山、镇江	上海、杭州、南京、无锡
珠三角	2005 年	肇庆	江门、惠州	佛山、中山、东莞	广州、珠海、深圳
	2010 年	肇庆	江门、惠州	广州、中山、珠海、东莞	佛山、深圳
	2016 年	肇庆	江门、惠州	广州、中山、珠海、东莞	佛山、深圳
京津冀	2005 年	保定、邢台、承德、廊坊、沧州、衡水、张家口、唐山、秦皇岛、邯郸	石家庄	无	北京、天津
	2010 年	保定、衡水、承德	张家口、沧州、邢台、邯郸	石家庄、廊坊、唐山、秦皇岛	北京、天津
	2016 年	保定、衡水、承德	张家口、廊坊、沧州、邢台、邯郸、秦皇岛	石家庄、唐山	北京、天津

资料来源：笔者整理。

冀城镇化率主要集中于 40% ~70%。到 2016 年，各城市群的城镇化率都有所上升，但珠三角的城镇化率仍显著高于长三角和京津冀地区。由此可以看出，三大城市群的城镇化发展水平存在一定的差异，珠三角的城镇化发展水平最高，长三角次之，京津冀最低。

（2）各城市群内部的城镇化水平也存在较明显的差异，即长三角、珠三角和京津冀城镇化率的空间分布并不平衡。2005 年，长三角城市群中的上海、苏州、南京和无锡地区的城镇化发展水平最高，南通、泰州、嘉兴和台州的城镇化发展水平最低；到 2010 年，长三角城镇化水平的空间分布略有变化，发展水平最高的地区分别为上海、杭州、南京和无锡，湖州、泰州、嘉兴和台州的城镇化发展水平最低；2016 年长三角城镇化水平的空间分布格局和 2010 年基本一致。至于珠三角城市群，2005～2016 年，肇庆的城镇化率始终处于较低的水平，但高城镇化率的地区并不是固定的。在 2005 年，广州、珠海和深圳的城镇化水平最高；2010 年和 2016 年，则是佛山和深圳的城镇化水平最高。而在京津冀城市群中，北京和天津的城镇化水平始终是最高的。由此可见，三大城市群的中心城市如上海、杭州、南京、广州、深圳、北京和天津等地的城镇化水平明显高于其他地区，城市群的边缘地区如肇庆、台州、扬州、承德等地的城镇化发展水平则较低。

5.3.3 人口流动的空间格局演变分析

自改革开放以来，随着城镇化的快速发展以及交通网的建设，越来越多的人口向经济发达的地区流动，人口流动迁移的规模增长迅猛。长三角、珠三角和京津冀三个城市群是中国人口流入的主要地区。本章利用人口净流入数据，将人口净流入分成四个等级——小于 0 表示该地区人口表现为向外地流出；小于 50 万人表示该地区属于人口低流入地区；小于 150 万人表示该地区属于人口中流入地区；大于 150 万人表示该地区为人口高流入地区，进一步分析长三角、珠三角和京津冀地区人口流动空间演变的趋势。结果如表 5-3 所示。

从表 5-3 可以看出，在 2005 年，长三角城市群人口高流入地区仅上海一个城市，扬州、泰州和南通为人口净流出地区，南京、常州、苏州、无锡、杭州、宁波和嘉兴为人口中流入地区，镇江、湖州、绍兴、台州和舟山为人口低流入地区。到 2010 年，人口高流入地区已经达到六个，分别为

表 5 – 3　　　　长三角、珠三角和京津冀人口流动的时空演变情况

人口流动划分状况		人口流出区	人口低流入区	人口中流入区	人口高流入区
长三角	2005 年	扬州、泰州、南通	镇江、湖州、绍兴、台州、舟山	南京、常州、无锡、苏州、杭州、宁波、嘉兴	上海
	2010 年	扬州、泰州、南通	镇江、湖州、台州、舟山	常州、嘉兴、绍兴	上海、南京、无锡、苏州、杭州、宁波
	2016 年	扬州、泰州、南通	镇江、湖州、台州、舟山	常州、嘉兴、绍兴	上海、南京、无锡、苏州、杭州、宁波
珠三角	2005 年	肇庆	无	江门、珠海、惠州	佛山、中山、广州、东莞、深圳
	2010 年	肇庆	江门	珠海、中山、惠州	佛山、广州、东莞、深圳
	2016 年	肇庆	无	江门、珠海、惠州	佛山、中山、广州、东莞、深圳
京津冀	2005 年	张家口、承德、保定、沧州、邯郸	唐山、秦皇岛、廊坊、衡水、邢台	天津、石家庄	北京
	2010 年	张家口、承德、保定、沧州、衡水、邢台、邯郸	秦皇岛	石家庄、廊坊、唐山	北京、天津
	2016 年	张家口、承德、保定、廊坊、沧州、衡水、邢台、邯郸	秦皇岛	石家庄、唐山	北京、天津

资料来源：笔者整理。

上海、南京、无锡、苏州、杭州和宁波，绍兴也由人口低流入地区成为人口中流入地区。2010 年后，长三角人口流动规模已经趋于稳定，到 2016 年也未产生较大变化。

从时间上来看，珠三角的人口流动规模并没有产生明显变化，其人口高流入地区主要集中在中部地区，分别是佛山、广州、东莞、深圳和中山。

京津冀城市群中，2005 年仅北京一个人口高流入地区，天津、石家庄为人口中流入地区，邢台、衡水、廊坊、唐山和秦皇岛为人口低流入地区，其余都为人口净流出地区。到 2010 年，天津也成为人口高流入地区，但人口净流出地区由 2005 年的五个增加到七个。到 2016 年，除了北京、天津、石家庄、唐山和秦皇岛以外，其余地区几乎都为人口净流出地区。

从人口净流入也可以看出，城镇化发展水平越高，人口净流入越高，如北京、天津、上海、广州、深圳等。而城镇化水平较低的地区，人口主要表现为净流出，如扬州、南通、肇庆、邢台等。由此表明，城镇化水平和人口流动有着较强的相关性。

5.3.4 城镇化的空间相关性分析

根据全局 Moran's I 计算公式，运用 GeoDa 软件得到长三角、珠三角以及京津冀城镇化率的 Moran's I 指数如表 5 - 4 和图 5 - 1 所示。在 10% 的显著性水平下，2005 ~ 2016 年，长三角城市群的 Moran's I 指数均显著为负，表明长三角的城镇化水平存在显著的全局空间负相关性，并且这种空间相关性呈现出不断增强的趋势；而京津冀城市群的 Moran's I 指数均显著为正，总体而言呈现上升的趋势，表明城镇化的空间正相关性在不断增强，京津冀地区的城镇化上升也会提高周边地区的城镇化水平；珠三角的 Moran's I 指数在 2005 ~ 2008 年并没有通过显著性检验，2009 ~ 2016 年的 Moran's I 指数则均显著为正，表明与京津冀城市群一样，珠三角的城镇化水平存在空间正相关性，且与周边地区的空间相关性在逐渐增强。

表 5 - 4   长三角、珠三角和京津冀城镇化空间相关性结果

年份	长三角	珠三角	京津冀
2005	- 0. 2307 ** [0. 04]	- 0. 0783 [0. 23]	0. 0784 * [0. 08]
2006	- 0. 2142 ** [0. 05]	0. 0283 [0. 14]	0. 1131 ** [0. 04]

续表

年份	长三角	珠三角	京津冀
2007	-0.2103 ** [0.05]	0.0331 [0.12]	0.1551 ** [0.03]
2008	-0.2078 * [0.08]	0.0253 [0.11]	0.1528 * [0.06]
2009	-0.2018 * [0.08]	0.0003 * [0.07]	0.1459 * [0.07]
2010	-0.2403 ** [0.04]	0.0073 * [0.08]	0.1214 * [0.07]
2011	-0.2521 ** [0.03]	0.0055 * [0.06]	0.1241 ** [0.04]
2012	-0.2460 ** [0.04]	0.0097 * [0.07]	0.1230 * [0.06]
2013	-0.2594 ** [0.02]	0.0058 * [0.09]	0.1175 * [0.06]
2014	-0.2634 ** [0.03]	0.0108 * [0.07]	0.1214 * [0.08]
2015	-0.2710 ** [0.02]	0.0155 * [0.09]	0.1173 ** [0.03]
2016	-0.2799 ** [0.02]	0.0174 * [0.09]	0.1184 * [0.07]

注：[ ] 内为 P 值；* 、** 分别表示在10% 、5%的显著性水平下统计显著。

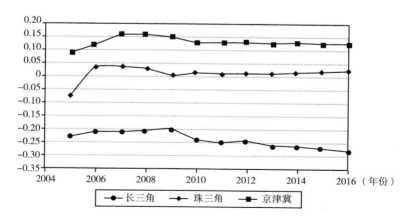

图 5 - 1　长三角、珠三角和京津冀城镇化 Moran's I 指数的变化趋势

资料来源：笔者整理。

从 Moran's I 绝对值上来看，长三角的空间相关性最高，Moran's I 绝对值都达到了 0.2 以上，京津冀则较弱，珠三角地区的 Moran's I 绝对值最低，说明长三角城市之间的联系程度较高，人口从周边农村地区向城市流动，提高了经济较发达地区的城镇化水平，而降低了发展较为落后地区的城镇化率；而京津冀和珠三角地区城市化的空间相关性较弱，城市发展水平的提高往往会带动周边城市的发展。

5.4 城镇化发展的绝对收敛性

使用 σ 系数对长三角、珠三角以及京津冀地区城镇化水平的变异和趋同规律进行分析。图 5 - 2 是长三角、珠三角和京津冀城镇化水平 σ 系数的变化趋势。

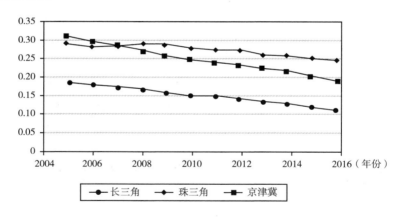

图 5 - 2 长三角、珠三角和京津冀 σ 系数变化趋势
资料来源：笔者整理。

如图 5 - 2 所示，2005 ~ 2016 年，三个城市群的城镇化水平存在一定的差异，但长三角、珠三角以及京津冀地区的 σ 系数呈现出下降的趋势，表明各个大城市群内部的城镇化水平差距在逐步缩小，因而可以初步判断各城市群地区的城镇化水平存在一定的收敛性。但是，这并不能说明三大城市群的城镇化水平存在何种收敛，以及这收敛的稳健性如何。

因而，本书构建空间计量模型，对三大城市群的城镇化收敛性进行深入探讨。

　　在构建空间面板模型之前，利用 LR 检验和 Wald 检验来确定空间面板模型的形式。首先，构建并估计空间杜宾面板模型。其次，检验原假设 H_0^1：空间杜宾面板模型可以简化为空间滞后面板模型；H_0^2：空间杜宾面板模型可以简化为空间误差面板模型，如果两个假设同时被拒绝，则应当建立空间杜宾面板模型。结果如表 5 - 5 所示，在 5% 的显著性水平下，长三角、珠三角和京津冀的 LR 检验和 Wald 检验均通过显著性检验，因此，选择空间杜宾面板模型。此外，依据 Hausman 检验，应选择固定效应模型。最终，选择固定效应的空间杜宾面板模型来分析长三角、珠三角和京津冀地区的城镇化收敛以及人口流动和城镇化收敛之间的关系。

表 5 - 5　　　　　空间面板模型 LR、Wald 及 Hausman 检验结果

检验		长三角	珠三角	京津冀
LR 检验	Spatial lag	55. 1570 *** [0]	69. 8294 *** [0]	15. 6949 ** [0. 015]
	Spatial error	61. 2812 *** [0]	67. 7412 *** [0]	14. 4657 ** [0. 02]
Wald 检验	Spatial lag	58. 3724 *** [0]	104. 3313 *** [0]	14. 3901 ** [0. 02]
	Spatial error	65. 8891 *** [0]	87. 8122 *** [0]	13. 0892 ** [0. 04]
Hausman 检验		- 102. 3438 *** [0]	40. 4775 *** [0]	186. 1655 *** [0]

注：[ ] 内为 P 值；** 、*** 分别表示在 5% 、1% 的显著性水平下统计显著。

　　进一步地，为了分析长三角、珠三角和京津冀城镇化的绝对收敛特征，分别采用普通面板模型和空间杜宾面板模型对模型 1 进行估计，模型结果如表 5 - 6 所示。

表 5 - 6 绝对 β 收敛模型估计结果

变量	普通面板模型			空间杜宾面板模型		
	长三角	珠三角	京津冀	长三角	珠三角	京津冀
$\ln y_{i,t-1}$	−0.102 *** [0]	−0.401 *** [0]	−0.047 ** [0.020]	−0.193 *** [0]	−0.399 *** [0]	−0.147 *** [0]
$W\ln y_{i,t-1}$	—	—	—	−0.150 * [0.090]	0.630 ** [0.030]	0.214 ** [0.047]
$W\ln \dfrac{y_{i,t}}{y_{i,t-1}}$	—	—	—	0.292 *** [0]	−0.793 *** [0]	−0.018 [0.850]
R^2	0.289	0.3532	0.2298	0.5894	0.4223	0.3917

注：[ ] 内为 P 值；* 、** 、*** 分别表示在 10% 、5% 、1% 的显著性水平下统计显著。

考虑到空间效应后，模型 1 对数据的拟合优度明显提升，且解释变量和被解释变量的空间滞后项在 5% 的显著性水平下通过了显著性检验，因此空间杜宾面板模型与普通面板模型相比更有效。

长三角、珠三角和京津冀城市群 $\ln y_{i,t-1}$ 的系数在 1% 的显著性水平上显著为负，说明城镇化水平存在绝对收敛。现阶段，由于地区发展的不平衡性，各地就业机会和教育条件的不同导致不同地区的城镇化发展存在较大差异，但随着区域间合作的加深，城镇化水平较低的发展相对落后的地区由于环境和资源的优势吸引越来越多的人口流入，城镇化水平提升并且与城镇化发展达到稳定状态的发达地区相比，城镇化水平的增长率更高，形成赶超高城镇化水平地区的现象。

5.5 人口流动对城镇化发展收敛性的影响

户口系统将中国人口分为两种：居住在农村地区的农业人口；居住在城市地区的非农业户口。其中，非农业人口的增加是城镇化水平提高的一个重要特征，而城镇人口增加的途径主要包括人口自然增长、人口迁移等途径，因而人口的流动必然对地区城镇化发展有着重大的影响。

绝对收敛检验的结果已经表明，中国城镇化水平确实存在收敛到同一稳态的发展趋势，但人口流动对城镇化收敛的影响尚未可知，为验证人口流动对城镇化收敛的影响，本章利用 2005～2016 年的面板数据，运用空间杜宾面板模型，探索长三角、珠三角和京津冀的人口流动对城镇化收敛的影响。由于城镇化的发展会受到经济水平、产业结构、收入水平、基础设施等方面的影响，因此将体现经济水平、产业结构、收入和基础设施的人均 GDP、第二和第三产业占比、城镇人均可支配收入和人均道路面积等作为控制变量引入模型，模型估计结果如表 5－7 所示。

表 5－7　　　　　　人口流动对城镇化收敛性影响的估计结果

变量	空间杜宾面板模型					
	长三角		珠三角		京津冀	
	模型 2	模型 3	模型 2	模型 3	模型 2	模型 3
$\ln y_{i,t-1}$	− 0. 354 *** [0]	− 0. 375 *** [0]	− 0. 635 *** [0]	− 0. 673 *** [0]	− 0. 189 *** [0]	− 0. 292 *** [0]
$\ln gdp$	0. 009 [0. 470]	0. 006 [0. 620]	0. 028 [0. 640]	0. 006 [0. 910]	0. 018 *** [0]	0. 018 ** [0. 011]
$\ln ind$	0. 302 [0. 120]	0. 346 * [0. 064]	1. 399 *** [0]	1. 373 *** [0]	− 0. 030 [0. 130]	− 0. 017 [0. 190]
$\ln income$	0. 035 [0. 560]	0. 078 [0. 190]	− 0. 170 *** [0]	− 0. 156 *** [0]	0. 016 [0. 470]	0. 006 [0. 460]
$\ln road$	− 0. 0001 ** [0. 013]	− 0. 0001 *** [0]	− 0. 013 [0. 420]	− 0. 014 [0. 330]	0. 007 [0. 583]	0. 012 [0. 380]
$People$		− 0. 0009 ** [0. 040]		− 0. 0002 ** [0. 040]		− 0. 0001 ** [0. 010]
$W\ln y_{i,t-1}$	− 0. 328 *** [0]	− 0. 352 *** [0]	− 0. 606 ** [0. 028]	− 0. 837 *** [0]	0. 154 [0. 160]	0. 167 [0. 230]
$W\ln gdp$	0. 077 *** [0]	0. 071 *** [0]	0. 039 [0. 870]	0. 030 [0. 880]	0. 010 [0. 420]	0. 011 [0. 370]
$W\ln ind$	− 0. 031 [0. 930]	− 0. 020 [0. 950]	8. 406 *** [0]	9. 110 *** [0]	− 0. 065 ** [0. 020]	− 0. 046 ** [0. 030]
$W\ln income$	0. 305 *** [0]	0. 344 *** [0]	− 0. 520 *** [0]	− 0. 490 *** [0]	0. 034 ** [0. 047]	0. 035 * [0. 055]
$W\ln road$	0. 0003 *** [0]	0. 0002 *** [0]	− 0. 004 [0. 940]	0. 015 [0. 740]	− 0. 027 [0. 250]	− 0. 024 [0. 340]
$W people$		− 0. 003 *** [0]		− 0. 0002 [0. 820]		0. 00001 [0. 860]
$W\ln \dfrac{y_{i,t}}{y_{i,t-1}}$	0. 006 [0. 940]	− 0. 051 [0. 560]	− 0. 740 *** [0]	− 0. 990 *** [0]	− 0. 246 ** [0. 020]	− 0. 285 *** [0]
R^2	0. 7014	0. 7199	0. 7516	0. 791	0. 5358	0. 564

注：[ ] 内为 P 值；*、**、*** 分别表示在 10%、5%、1%的显著性水平下统计显著。

空间面板数据模型 2 的估计结果表明，未增加人口流动变量时，$\ln y_{i,t-1}$ 的系数在 1% 的显著性水平下为负，这表明长三角、珠三角和京津冀城镇化水平确实存在条件收敛趋势。从系数绝对值的大小来看，长三角、珠三角和京津冀 $\ln y_{i,t-1}$ 的系数分别为 −0.354、−0.635、−0.189，说明珠三角城镇化的收敛速度远快于长三角和京津冀城市群。珠三角城市群位于中国广东省中南部、珠江入海口处，是中国改革开放最早试点的地区，经济实力雄厚，周边小城市在大城市的带动下也得到较好发展，各地的城镇化水平差距较小。从模型 3 的估计结果可以看出，纳入人口流动变量后，在 1% 的显著性水平下，长三角、珠三角和京津冀城市群的 $\ln y_{i,t-1}$ 系数都通过了显著性检验，系数值分别为 −0.375、−0.673、−0.292，并且长三角、珠三角和京津冀城市群的 $\ln y_{i,t-1}$ 系数绝对值都有显著的提升，表明人口流动对长三角、珠三角和京津冀的城镇化收敛起到了一定的加速作用。

长三角、珠三角和京津冀城市群人口流动变量对城镇化增长率的影响系数分别为 −0.0009、−0.0002 和 −0.0001，且在 5% 的水平上显著，这表明人口流动对城镇化增长率有负向影响，即人口净流入越多，区域的城镇化增长率越缓慢，而人口净流入越少，区域的城镇化增长率也就越快。城镇化发展水平越高，地区对人口的吸引力就越大，而城镇化水平较低的地区，人口倾向向外地流出，由此导致低城镇化水平的地区比高城镇化水平的地区有着更高的城镇化增长率，进而使得城镇化的收敛速度显著提升。本书认为人口流动对于城镇化收敛产生明显的推动作用的原因主要在于，人口的大量流入对城镇化水平较高地区的发展产生一定拖累效应，城市超负荷运行，阻碍了地区的城镇化增长，而城镇化水平较低的地区，人口主要表现为净流出和低流入，农村人口的大量流出和外来人口向城市的流入使得地区的城镇化率快速增长。

另外，模型 3 中其他变量的估计结果表明，经济水平对长三角和珠三角城镇化增长率具有不显著的正向作用，而对京津冀地区的城镇化率增长在 5% 的显著性水平下有显著的促进作用，经济发展为城市建设提供了充足的资金支持，增加了城市的吸引力，推动了城镇化率的增长。产业结构对珠三角城镇化增长有显著的正向影响，近年来，珠三角第二、第三产业的比重不断上升，尤其是第三产业，到 2016 年，珠三角第三产业占比达到了 56%，第三产业的发展使得城市对人口的吸纳能力不断增强，从而促进城镇化的增长；而产业结构对京津冀城镇化率增长则表现为负向作用，原因可能在于京津冀城市群中，天津和河北地区仍以第二产业为主，第三产业发展缓慢，以工业、制造业为主的第二产业多为污染密集型产业，消耗大量的能源资源，对城市环境造成不良影响，这直接降低了城市地区的吸引力，导致产业结构对城镇化的作用力度下降。在珠三角城市群，收入水平的提高会引起城镇化增长率的下降。伴随着城镇居民收入的不断提高，城乡收入差距也在不断缩小，再加上与农村地区相比城市地区偏高的消费水平，选择城市生活的比较优势在逐渐减少，这都导致城镇化的增长率下降。此外，长三角和珠三角的道路建设对城镇化率增长具有负向作用，随着基础设施建设的完善和普及，城乡差距不断缩小，人口在区域间的流动也会逐渐减少。

模型 3 中，基于空间视角去探索城镇化收敛的影响因素，结果表明邻近地区的经济水平、产业结构、收入水平和道路建设对本地区的城镇化发展都有一定的影响。如长三角城市群中，邻近地区经济的发展、收入水平的上升和道路的建设都能显著促进本地区城镇化的发展，但邻近地区城镇化的发展对本地区城镇化的发展有着显著的负向作用，原因可能在于，邻近地区城镇化的发展使得该地区的人口向邻近地区集聚，从而阻碍了该地区城镇化的增长。在珠三角城市群中，收入水平表现为显著的负向空间溢出效应，显然收入水平的上升使得邻近地区对人口的吸纳能力有所增强，从而降低了本地区城镇化的增长。在京津冀城市群中，邻近地区产业结构的发展对本地区城镇化有显著的负向影响，这可能是因为邻近地区第二、第三产业的发展对本地区第二、第三产业的发展形成了挤压，并且邻近地区第二、第三产业的发展促使本地区人口向外迁移，从而对本地区城镇化的发展产生一定的负向影响。

5.6 本章小结

本章以珠三角和京津冀城市群为参照组，探索了长三角城市群城镇化和人口流动的空间演变格局以及城镇化的空间相关性和收敛特征，并构建空间杜宾面板数据模型对2005～2016年长三角、珠三角和京津冀三个城市群人口流动对城镇化收敛的影响进行了实证分析，最终得出以下结论。

（1）三大城市群的城镇化发展水平存在一定的差异，珠三角的城镇化发展水平最高，长三角次之，京津冀城镇化发展水平最低。各城市群内部的城镇化水平也存在较明显的差异，三大城市群的中心城市如上海、杭州、南京、广州、深圳、北京和天津等地的城镇化水平明显高于其他地区，城市群的边缘地区如肇庆、台州、扬州、承德等地的城镇化发展水平则较低。从空间相关性来看，长三角城市群的城镇化水平存在显著的空间负相关性，而京津冀的城镇化水平存在显著的空间正相关性，珠三角在2009年之前不存在显著的空间相关性，2009年之后存在明显的空间相关性。

（2）2005年长三角城市群人口高流入地区仅有上海一个，扬州、泰州和南通为人口净流出地区，2010年之后，人口流动规模已经趋于稳定，人口高流入地区已经达到六个。珠三角的人口流动规模并没有产生太多变化，其人口高流入地区主要集中在中部地区。在京津冀城市群中，北京一直是人口高流入地区，到2016年，除了北京、天津、石家庄、唐山以外，其余地区几乎都为人口净流出地区。从人口净流入数据也可以看出，城镇化发展水平越高，地区人口吸引力就越大，而城镇化水平较低的地区，人口倾向向外地流出。由此表明，城镇化和人口流动有着较强的相关性。

（3）长三角、珠三角和京津冀城市群内部的城镇化水平都有一定程度上的差异，但从 σ 指数可以看出，各地区城镇化水平差距逐步缩小，因而可以初步判断各个城市群的城镇化水平存在收敛性。通过空间杜宾面板模型进一步分析发现，近十年来，长三角、珠三角和京津冀三个城市群城镇化发展确实存在绝对收敛和条件收敛。

（4）人口流动对长三角和京津冀的城镇化收敛起到了一定的加速作用。从人口流动变量的系数可以看出人口流动对长三角、珠三角和京津冀城镇化的增长率有一定的负向作用，这使得低城镇化水平的地区比高城镇化水平的地区有着更高的城镇化增长率。经济水平、产业结构、收入水平和基础设施建设对各城市群城镇化的影响存在明显的差异，这可能是由于各地区的发展状况、资源和政策等各方面的差异所造成的。

第 6 章
城市群整体尺度下长三角城镇化发展对碳排放的作用效应

　　城市是一定地域的政治、经济、文化中心,是人口、工业、商业等的集聚地,也是能源集中消耗地和二氧化碳主要排放地。占据着世界面积 2% 的城市排放出的温室气体却占总量的 70% 。根据中国国家统计局的数据显示,2017 年中国的城镇化率达到了 58.52%,城市的发展在推动经济进步与社会发展的同时也带来了诸如生态环境污染、能源资源短缺等问题。世界观察研究所的著作《2007 世界报告:我们城市的未来》指出,"只有城市才是导致和解决气候变化的'钥匙'"。中国城市的蓬勃发展促使了城市群的快速形成,城市群是工业化和城镇化发展到较高阶段的产物,是城市发展到成熟阶段的最高空间组织形式。当前中国的城市群建设形成了"5 + 9 + 6"的新格局,即 5 个国家级的大城市群、9 个区域性的中等城市群和 6 个地区性的小城市群。这些城市群既是经济发展格局中最具活力和潜力的核心地区,也是能源消耗、二氧化碳等温室气体排放最为集中的地区。中国的碳排放问题引起了国际社会的广泛关注。2009 年哥本哈根会议上,中国政府承诺"到 2020 年单位 GDP 的 CO_2 排放量比 2005 年下降 40% ~ 45%,并力争在 2030 年前后 CO_2 排放量达到峰值"。2015 年,中国政府在巴黎气候大会上进一步作出承诺,"2030 年中国单位 GDP 的 CO_2 排放量将会较 2005 年下降

60%～65%"。①② 2017 年，《中国共产党第十九次全国代表大会报告》提出，"要推进绿色发展，加快建立绿色生产和消费的法律制度和政策导向，建立健全绿色低碳循环发展的经济体系"。同时，中央城镇化工作会议提出，"中国的城镇化要切实提高能源利用效率，降低能源消耗和二氧化碳强度"。因此，将城市的高质量发展需求和碳排放问题结合起来，寻求城市群的最优化发展显得尤为重要。本章将建立时间序列模型，从城市群整体尺度研究长三角城镇化发展对碳排放的静态与动态、短期与长期的直接作用关系，以及城镇化通过不同中介变量影响碳排放的间接作用关系。

6.1　数据来源与变量选取

6.1.1　数据说明

本章将对包括上海市、江苏省和浙江省在内的长三角城市群 1990～2016 年的年度数据进行研究。数据主要来自《上海统计年鉴》《江苏统计年鉴》《浙江统计年鉴》以及上海、江苏和浙江的国民经济和社会发展公报。其中，测算碳排放所需的能源消耗量数据来自各省市统计年鉴的能源统计部分，城镇化数据属于人口和就业数据统计部分，经济发展水平以及第二、第三产业产值均属于国民经济核算部分。

6.1.2　变量选取

（1）城镇化：城镇化的内涵包括人口城镇化、地域城镇化、经济活动城镇化和生活方式城镇化四个方面（王修达和王鹏翔，2012）。从根本上看，城镇化最重要的特征就是人口的城镇化（寇明风，2012）。一般用城

---

① 何建坤. 中国的能源发展与应对气候变化［J］. 中国人口·资源与环境，2011，21（10）：40–48.

② 刘强，陈怡，滕飞，田川，郑晓奇，赵旭晨. 中国深度脱碳路径及政策分析［J］. 中国人口·资源与环境，2017，27（9）：162–170.

镇人口占户籍总人口的比重来表征人口城镇化水平（单位：%），考虑到我国只有非农人口数据，因此用非农人口数代替城镇人口数。本章用符号 *UR* 表示城镇化水平。

（2）碳排放：常用的测度碳排放的指标包括碳排放量和碳排放强度，本书将基于这两个不同的度量方法来全面考察长三角的碳排放状况。其中，碳排放量用符号 *CE* 表示，同第 3 章中碳排放量测算方法一致，各种能源按折标准煤的系数计算出能源实耗量后乘以碳排放系数得到最终的碳排放量（单位：万吨）。各种能源折标准煤的系数来自《中国能源统计年鉴》，各种能源的碳排放系数参考联合国政府间气候变化专门委员会（IPCC，2006）以及国家发展改革委印发的《省级温室气体排放清单编制指南》的要求，提取八种主要能源计算碳排放量。具体的折算系数详见表 3 – 1。此外，碳排放强度用符号 *CI* 表示（单位 GDP 的二氧化碳排放量），具体计算公式为：碳排放强度 = 二氧化碳排放总量/GDP（单位：吨/万元）。

（3）产业结构：节能减排措施主要包括技术措施和结构措施两大类，结构措施既包括产业结构，也包括能源消费结构，其中产业结构的优化调整在结构措施中占主要方面（郭朝先，2012）。推动结构节能减排，是中国低碳经济发展的必由之路。本章用第二、第三产业占 GDP 比重来衡量产业结构，分别用符号 *SEC* 和 *TER* 表示。

（4）经济发展水平：用符号 *GDP* 表示。经济发展是影响二氧化碳排放的重要因素。关于经济发展和碳排放关系的研究开展已久（孙辉煌，2012），早期的环境库茨涅兹曲线就揭示了经济和环境之间的"倒 U 型"关系。因此，有必要将经济因素作为其他解释变量纳入城镇化对碳排放影响的机制中去，用长三角城市群历年的实际国内生产总值衡量。

6.2　城镇化与碳排放的均衡关系

6.2.1　平稳性检验

为避免非平稳时间序列出现伪回归问题，在对时间序列数据进行协整分析前需要检验数据的平稳性。若一个时间序列的均值、方差和自协方差都不取决于时刻 t，则称时间序列数据是弱平稳或协方差平稳。平稳的时间序列为"零阶单整"，记为 $I(0)$；如果时间序列的一阶差分为平稳过程，则称为"一阶单整"，记为 $I(1)$；更一般地，时间序列的 d 阶差分为平稳过程，则称为"d 阶单整"，记为 $I(d)$。平稳性检验常用的方法是单位根检验法——ADF 检验（Dickey and Fuller，1979）：时间序列中若存在单位根则为非平稳时间序列，若为非平稳序列则需要通过差分形式消除单位根，进而得到平稳时间序列。

通过 EViews8.0 对长三角城镇化、经济发展水平、产业结构和碳排放量进行 ADF 检验，结果如表 6-1 所示。其中，UR、GDP、SEC、TER、CE 和 CI 的原序列均是非平稳时间序列数据，在对非平稳变量进行一阶差分后，所有变量都通过了 10% 的显著性检验，因此可以进行协整检验。

表 6-1　　　　　　　　　　　　　　平稳性检验

变量	ADF 统计量	1% 临界值	5% 临界值	10% 临界值	P 值	结论
UR	-2.0364	-4.3561	-3.5950	-3.2335	0.5552	非平稳
ΔUR	-4.2305**	-4.3743	-3.6032	-3.2381	0.0137	平稳
GDP	0.5249	-4.3561	-3.5950	-3.2335	0.9988	非平稳
ΔGDP	-3.4035*	-4.3743	-3.6032	-3.2381	0.0736	平稳
SEC	-0.9966	-2.6607	-1.9950	-1.6091	0.2773	非平稳
ΔSEC	-2.0448**	-2.6607	-1.9950	-1.6091	0.0413	平稳
TER	1.2758	-3.7241	-2.9862	-2.6326	0.9977	非平稳
ΔTER	-3.7047**	-3.7241	-2.9862	-2.6326	0.0105	平稳
CE	0.3579	-3.7241	-2.9862	-2.6326	0.9767	非平稳
ΔCE	-3.0595**	-3.7241	-2.9862	-2.6326	0.0430	平稳
CI	-1.9010	-3.7115	-2.9810	-2.6299	0.3267	非平稳
ΔCI	-3.9537**	-3.7241	-2.9862	-2.6326	0.0181	平稳

注：*、** 分别代表在 10%、5% 的水平上显著。

6.2.2 协整检验

对于非平稳变量，一般的处理方法是进行一阶差分得到平稳序列。但是，一阶差分后变量的经济含义与原序列并不相同，而有时我们仍然希望使用原序列进行回归。为了解决这个问题，恩格尔（Engle）和格兰杰（Granger）在1987年提出了协整理论，其基本思想是，多个拥有"共同随机趋势"的非平稳变量的线性组合可能是平稳的，这些平稳的线性组合被称为协整方程，能够解释变量之间长期稳定的均衡关系。此后，1988年约翰森（Johansen）又提出了新的协整检验方法——Johansen检验，其前提条件是数据存在一个VAR的表示形式，然后通过简约矩阵的秩来进行协整检验。

为了对比分析城镇化对碳排放量和碳排放强度的不同影响，分别以碳排放量和碳排放强度作为因变量，以城镇化、经济发展水平和产业结构作为自变量，具体的检验过程如下所述。

6.2.2.1 最优滞后阶数的选择

使用信息准则分别确定向量自回归（VAR）模型下线性组合 *UR*、*GDP*、*SEC*、*TER* 和 *CE* 以及 *UR*、*GDP*、*SEC*、*TER* 和 *CI* 的最优滞后阶数，最终结果如表6-2所示。从表中可以看出，不论是碳排放量为因变量的情

表6-2 滞后阶数选择结果

准则	因变量为 *CE* 时			因变量为 *CI* 时		
	0	1	2	0	1	2
LL	232.7821	419.9960	460.1947	181.6882	389.1798	439.1124
LR	NA	284.5652	45.0225*	NA	315.3873	55.9245*
FPE	0	0	0*	0	0	0*
AIC	−18.2226	−31.1997	−32.4256*	−14.1351	−28.7344	−30.7290*
SC	−17.9788	−29.7370*	−29.7341	−13.8913	−27.2717	−28.0475*
HQ	−18.1550	−30.7940	−31.6718*	−14.0674	−28.3287	−29.9853*

注：*表示信息准则所选择的最优滞后阶数。

况还是碳排放强度为因变量的情况，包括 AIC 和 LL 等在内的信息准则均显示最优滞后阶数为 2。因此，本章将选择滞后阶数 2 进行有关分析。

6.2.2.2　VAR 模型稳定性检验

在选择最优滞后阶数为 2 的基础上，我们对 VAR 模型进行稳定性检验，得到 AR 图，如图 6 - 1 所示。图中所有的特征值均在单位圆内，即 VAR 模型是稳定的。因此，可以继续进行协整检验。

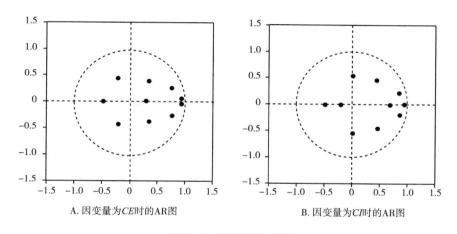

A. 因变量为 *CE* 时的 AR 图　　　　B. 因变量为 *CI* 时的 AR 图

图 6 - 1　稳定性检验图

6.2.2.3　Johansen 检验

在 ADF 检验以及 VAR 模型稳定性分析的基础上，在滞后阶数为 2 的基础上对城镇化、经济发展水平、产业结构和碳排放进行协整检验，Johansen 检验结果如表 6 - 3 所示。Johansen 协整检验的结果在被解释变量为碳排放量 *CE* 或碳排放强度 *CI* 的情况下相似，实证结果依次拒绝了 "0 个协整向量""至少 1 个协整向量"和"至少 2 个协整向量"的原假设，且迹检验和最大特征根检验都表明存在 3 个协整向量，即这 5 个变量间存在长期的均衡关系，可进行格兰杰因果关系检验。

表 6 - 3   Johansen 协整检验结果

假设阶数	碳排放量 CE				碳排放强度 CI			
	特征值	迹统计值	0.05 标准值	P 值	特征值	迹统计值	0.05 标准值	P 值
None	0.8572	111.1698 ***	60.0614	0	0.9030	131.1209 ***	79.3415	0
At most 1	0.7362	62.5146 ***	40.1749	0.0001	0.7410	72.7979 ***	55.2458	0.0007
At most 2	0.5379	29.1970 **	24.2760	0.0111	0.6039	39.0216 **	35.0109	0.0177
At most 3	0.2890	9.8981	12.3209	0.1232	0.4679	15.8716	18.3977	0.1090
At most 4	0.0534	1.3714	4.1299	0.2826	0.0040	0.0999	3.8415	0.7520

注：** 、*** 分别代表在 5% 和 1% 的水平上显著。

6.2.3　格兰杰因果关系检验

在经济变量中，虽然一些变量间显著相关，但未必是有意义的。判断一个变量的变化是否是另一个变量的原因，是经济计量学中的常见问题。格兰杰（Granger）提出一个判断因果关系的检验，即格兰杰因果关系检验。其实质上是检验一个变量的滞后变量是否可以引入其他变量方程中，若一个变量受到其他变量的滞后影响，则称它们具有格兰杰因果关系。本章中的格兰杰因果关系检验中原假设分别是，F_1：城镇化（FS）不是碳排放（CE 和 CI）的格兰杰原因；F_2：经济水平发展（GDP）不是碳排放（CE 和 CI）的格兰杰原因；F_3：产业结构（SEC、TER）不是碳排放（CE 和 CI）的格兰杰原因。

6.2.3.1　城镇化、经济发展水平、产业结构与碳排放量的格兰杰因果关系

以碳排放量作为因变量，分别选择滞后阶数 1 和滞后阶数 2 对以上三种假设进行格兰杰因果关系检验，结果如表 6 - 4 和表 6 - 5 所示。滞后阶数为 1 时，UR、TER 都是 CE 的单向格兰杰原因，即城镇化和第三产业的发展都会影响碳排放量；而 GDP 和 SEC 都与 CE 互为格兰杰

因果关系，即经济水平和第二产业会影响温室气体的排放，反过来，碳排放状况也会对经济发展和第二产业的变化调整有所影响。此外，*UR* 是 *GDP* 和 *SEC* 的单向格兰杰原因；*GDP* 是 *SEC* 的双向格兰杰原因、是 *TER* 的单向格兰杰原因；*TER* 是 *UR* 的单向格兰杰原因；*SEC* 为 *TER* 的单向格兰杰原因。

表 6 – 4　　滞后 1 阶时各变量与碳排放量的格兰杰因果检验结果

原假设	F 统计量	P 值	拒绝或接受	结果
UR 不是 *CE* 的格兰杰原因	12. 2529 ***	0. 0019	拒绝	*UR* 是 *CE* 的格兰杰原因
CE 不是 *UR* 的格兰杰原因	1. 6740	0. 2086	接受	无格兰杰因果关系
GDP 不是 *CE* 的格兰杰原因	9. 5022 ***	0. 0053	拒绝	*GDP* 是 *CE* 的格兰杰原因
CE 不是 *GDP* 的格兰杰原因	19. 4333 ***	0. 0002	拒绝	*CE* 是 *GDP* 的格兰杰原因
SEC 不是 *CE* 的格兰杰原因	8. 4721 ***	0. 0079	拒绝	*SEC* 是 *CE* 的格兰杰原因
CE 不是 *SEC* 的格兰杰原因	7. 1420 **	0. 0136	拒绝	*CE* 是 *SEC* 的格兰杰原因
TER 不是 *CE* 的格兰杰原因	4. 0948 *	0. 0548	拒绝	*TER* 是 *CE* 的格兰杰原因
CE 不是 *TER* 的格兰杰原因	0. 0103	0. 9200	接受	无格兰杰因果关系
UR 不是 *GDP* 的格兰杰原因	11. 2026 ***	0. 0028	拒绝	*UR* 是 *GDP* 的格兰杰原因
GDP 不是 *UR* 的格兰杰原因	1. 4299	0. 2440	接受	无格兰杰因果关系
UR 不是 *SEC* 的格兰杰原因	3. 3682 *	0. 0794	拒绝	*UR* 是 *SEC* 的格兰杰原因
SEC 不是 *UR* 的格兰杰原因	0. 0001	0. 9938	接受	无格兰杰因果关系
UR 不是 *TER* 的格兰杰原因	0. 2149	0. 6472	接受	无格兰杰因果关系
TER 不是 *UR* 的格兰杰原因	3. 3500 *	0. 0802	拒绝	*TER* 是 *UR* 的格兰杰原因
GDP 不是 *SEC* 的格兰杰原因	11. 2932 ***	0. 0027	拒绝	*GDP* 是 *SEC* 的格兰杰原因
SEC 不是 *GDP* 的格兰杰原因	9. 2899 ***	0. 0057	拒绝	*SEC* 是 *GDP* 的格兰杰原因
GDP 不是 *TER* 的格兰杰原因	13. 5563 ***	0. 0012	拒绝	*GDP* 是 *TER* 的格兰杰原因
TER 不是 *GDP* 的格兰杰原因	1. 2463	0. 2758	接受	无格兰杰因果关系
SEC 不是 *TER* 的格兰杰原因	5. 8988 **	0. 0234	拒绝	*SEC* 是 *TER* 的格兰杰原因
TER 不是 *SEC* 的格兰杰原因	2. 4128	0. 1340	接受	无格兰杰因果关系

注：*、**、*** 分别代表在 10% 、5% 和 1% 的水平上显著。

表 6-5　　　　滞后 2 阶时各变量与碳排放量的格兰杰因果检验结果

原假设	F 统计量	P 值	拒绝或接受	结果
UR 不是 CE 的格兰杰原因	4.5538 **	0.0235	拒绝	UR 是 CE 的格兰杰原因
CE 不是 UR 的格兰杰原因	1.3887	0.2724	接受	无格兰杰因果关系
GDP 不是 CE 的格兰杰原因	3.0473 *	0.0699	拒绝	GDP 是 CE 的格兰杰原因
CE 不是 GDP 的格兰杰原因	4.9977 **	0.0174	拒绝	CE 是 GDP 的格兰杰原因
SEC 不是 CE 的格兰杰原因	4.4042 **	0.0260	拒绝	SEC 是 CE 的格兰杰原因
CE 不是 SEC 的格兰杰原因	6.6125 ***	0.0062	拒绝	CE 是 SEC 的格兰杰原因
TER 不是 CE 的格兰杰原因	4.1888 **	0.0302	拒绝	TER 是 CE 的格兰杰原因
CE 不是 TER 的格兰杰原因	2.7285 *	0.0896	拒绝	CE 是 TER 的格兰杰原因
UR 不是 GDP 的格兰杰原因	2.7269 *	0.0897	拒绝	UR 是 GDP 的格兰杰原因
GDP 不是 UR 的格兰杰原因	2.5193	0.1057	接受	无格兰杰因果关系
UR 不是 SEC 的格兰杰原因	1.9735	0.1651	接受	无格兰杰因果关系
SEC 不是 UR 的格兰杰原因	0.1338	0.8755	接受	无格兰杰因果关系
UR 不是 TER 的格兰杰原因	0.0758	0.9272	接受	无格兰杰因果关系
TER 不是 UR 的格兰杰原因	1.9838	0.1637	接受	无格兰杰因果关系
GDP 不是 SEC 的格兰杰原因	6.3320 ***	0.0074	拒绝	GDP 是 SEC 的格兰杰原因
SEC 不是 GDP 的格兰杰原因	1.2641	0.3041	接受	无格兰杰因果关系
GDP 不是 TER 的格兰杰原因	2.7397 *	0.0888	拒绝	GDP 是 TER 的格兰杰原因
TER 不是 GDP 的格兰杰原因	0.5757	0.5713	接受	无格兰杰因果关系
SEC 不是 TER 的格兰杰原因	3.6346 **	0.0450	拒绝	SEC 是 TER 的格兰杰原因
TER 不是 SEC 的格兰杰原因	5.2008 **	0.0152	拒绝	TER 是 SEC 的格兰杰原因

注：*、**、***分别代表在 10%、5% 和 1% 的水平上显著。

　　在最优滞后阶数为 2 时，格兰杰因果关系检验结果与最优滞后阶数为 1 时大致相同，但 TER 成为 CE 的双向格兰杰原因，说明碳排放状况也会导致我国第三产业结构的调整。此外，在滞后阶数为 2 的情况下，城镇化和产业结构间不存在格兰杰因果关系，城镇化水平的高低对产业结构的优化升级作用并不显著，而产业结构的变化并不会对城镇化进程产生影响；GDP 是 SEC 的单向格兰杰原因；SEC 和 TER 互为格兰杰因果关系。

6.2.3.2 城镇化、经济发展水平、产业结构与碳排放强度的格兰杰因果关系

以碳排放强度作为因变量，分别选择滞后阶数 1 和 2 对前面三种假设进行格兰杰因果关系检验，结果如表 6 - 6 和表 6 - 7 所示。在最优滞后阶数为 1 时，*UR* 和 *SEC* 都是 *CI* 的单向格兰杰原因，*GDP* 和 *CI* 互为格兰杰因果关系，而 *TER* 和 *CI* 之间不存在格兰杰因果关系。在最优滞后阶数为 2 时，*UR*、*GDP* 和 *SEC* 都与 *CI* 互为格兰杰因果关系，而 *TER* 为 *CI* 的单向格兰杰原因。

表 6 - 6　　滞后 1 阶时各变量与碳排放强度的格兰杰因果检验结果

原假设	F 统计量	P 值	拒绝或接受	结果
UR 不是 *CI* 的格兰杰原因	5.4349 **	0.0289	拒绝	*UR* 是 *CI* 的格兰杰原因
CI 不是 *UR* 的格兰杰原因	0.1278	0.7140	接受	无格兰杰因果关系
GDP 不是 *CI* 的格兰杰原因	5.6576 **	0.0261	拒绝	*GDP* 是 *CI* 的格兰杰原因
CI 不是 *GDP* 的格兰杰原因	12.9571 ***	0.0015	拒绝	*CI* 是 *GDP* 的格兰杰原因
SEC 不是 *CI* 的格兰杰原因	5.5406 **	0.0275	拒绝	*SEC* 是 *CI* 的格兰杰原因
CI 不是 *SEC* 的格兰杰原因	0.0178	0.8949	接受	无格兰杰因果关系
TER 不是 *CI* 的格兰杰原因	0.6697	0.4216	接受	无格兰杰因果关系
CI 不是 *TER* 的格兰杰原因	0.6093	0.4430	接受	无格兰杰因果关系

注：** 、*** 分别代表在 5% 、1% 的水平上显著。

表 6 - 7　　滞后 2 阶时各变量与碳排放强度的格兰杰因果检验结果

原假设	F 统计量	P 值	拒绝或接受	结果
UR 不是 *CI* 的格兰杰原因	23.9484 ***	0.0001	拒绝	*UR* 是 *CI* 的格兰杰原因
CI 不是 *UR* 的格兰杰原因	3.7109	0.0426	拒绝	*CI* 是 *UR* 的格兰杰原因
GDP 不是 *CI* 的格兰杰原因	8.9173 ***	0.0017	拒绝	*GDP* 是 *CI* 的格兰杰原因
CI 不是 *GDP* 的格兰杰原因	10.5671 ***	0.0007	拒绝	*CI* 是 *GDP* 的格兰杰原因
SEC 不是 *CI* 的格兰杰原因	2.6060 *	0.0987	拒绝	*SEC* 是 *CI* 的格兰杰原因
CI 不是 *SEC* 的格兰杰原因	8.3357 ***	0.0023	拒绝	*CI* 是 *SEC* 的格兰杰原因
TER 不是 *CI* 的格兰杰原因	10.5079 ***	0.0008	拒绝	*TER* 是 *CI* 的格兰杰原因
CI 不是 *TER* 的格兰杰原因	1.1553	0.3351	接受	无格兰杰因果关系

注：* 、*** 分别代表在 10% 和 1% 的水平上显著。

6.2.4 城镇化对碳排放的短期影响分析

上面协整检验的结果显示，城镇化、经济发展、产业结构和碳排放之间存在长期均衡关系，然而这种均衡关系可能并不是固定不变的，即当一个变量发生扰动，稳定的均衡状态会被打破，系统将会通过误差修正机制逐渐回归长期均衡。关于各个变量偏离长期均衡后自动调节的速度与方法，以及变量间短期波动和动态影响，需进一步构建向量误差修正（VEC）模型进行短期均衡分析。

6.2.4.1 VEC 模型构建

恩格尔和格兰杰将协整与误差修正模型结合起来，建立了向量误差修正模型，可以将 VEC 模型当作含有协整约束的 VAR 模型。当变量之间存在协整关系时，可以通过这个 VEC 模型分析系统中各变量之间短期不均衡关系的动态结构等，以弥补长期静态模型的不足。基于此，为了研究城镇化、经济发展、产业结构对碳排放的短期影响，构建 VEC 模型如式（6-1）所示。

$$\Delta Y_t = C + \alpha_0 ECM_{t-1} + \sum_{i=1}^{k} \gamma_i \Delta y_{t-1} + \varepsilon_i \qquad (6-1)$$

6.2.4.2 城镇化、经济发展、产业结构对碳排放量的短期影响

以碳排放量作为因变量，城镇化、经济发展水平和产业结构作为自变量，构建 VEC 模型，运用 EViews8.0 进行估计，具体结果如式（6-2）所示。

$$
\Delta Y_t = \begin{bmatrix} -0.1021 \\ -0.0299 \\ -0.1310 \\ -0.0125 \\ -0.0217 \end{bmatrix} ECM_{t-1} + \begin{bmatrix} 0.0566 & -0.0092 & 0.1167 & 0.0715 & -0.0383 \\ 0.1042 & -0.1415 & -0.5765 & -0.0982 & -0.0205 \\ -0.1397 & -0.0976 & 0.6564 & -0.0530 & -0.0004 \\ 2.2495 & -0.0925 & 5.4004 & 0.9818 & -0.6051 \\ -1.3588 & -0.4626 & 4.6879 & 0.5665 & -0.0981 \end{bmatrix}
$$

$$
\Delta Y_{t-1} + \begin{bmatrix} 0.1048 \\ 0.0352 \\ 0.0225 \\ -0.0019 \\ 0.0113 \end{bmatrix} \tag{6-2}
$$

其中，$\Delta Y = \begin{bmatrix} DCE & DUR & DGDP & DSEC & DTER \end{bmatrix}^T$，$ECM$ 是误差修正项，ECM 系数为调整系数，反映了 VEC 模型中各个变量向着长期均衡状态进行短期调整的速度。从式（6-2）的回归结果来看，存在五个负值的调整系数，这符合 VEC 模型的反向修正机制。

具体来看，VEC 模型的估计结果表明，在短期内，城镇化、经济发展以及产业结构对碳排放的影响可能会偏离长期均衡水平，但是它们的短期偏误会向长期均衡状态调整。系数 -0.1021 表示在其他变量不变的情况下，碳排放量在第 t 年的变化可以消除自身前一年 10.21% 的误差；城镇化以及经济的发展在第 t 年的变化可以消除前一年 2.99% 和 13.10% 的误差；系数 -0.0125 和 -0.0217 表示在其他变量不变的情况下，第二产业和第三产业第 t 年的变化可以消除前一年度 1.25% 和 2.17% 的误差。总体来看，各变量的误差修正系数均较小，可以认为城镇化、经济发展和产业结构对碳排放的短期波动没有较大程度地偏离长期均衡趋势。

6.2.4.3　城镇化、经济发展、产业结构对碳排放强度的短期影响

以碳排放强度作为因变量，城镇化、经济发展水平和产业结构作为自变量，构建 VEC 模型，运用 EViews8.0 进行估计，具体结果如式（6-3）所示。其中，$\Delta Y = \begin{bmatrix} DCI & DUR & DGDP & DSEC & DTER \end{bmatrix}^T$，误差修正项系数反映了对偏离长期均衡的调整力度。

$$
\Delta Y_t = \begin{bmatrix} -0.3396 \\ -0.0006 \\ 0.0477 \\ 0.0007 \\ 0.0046 \end{bmatrix} ECM_{t-1} + \begin{bmatrix} 0.0939 & -0.0056 & -0.0295 & 0.0087 & -0.0083 \\ 1.0303 & -0.0735 & 0.2415 & -0.0649 & 0.1029 \\ -1.1133 & -0.1003 & 0.1891 & 0.0133 & -0.0611 \\ -3.7083 & 0.0789 & 0.8469 & 1.1739 & -0.9626 \\ -8.4091 & -0.2974 & 1.4658 & 0.7325 & -0.6698 \end{bmatrix}
$$

$$
\Delta Y_{t-1} + \begin{bmatrix} -0.0552 \\ 0.0314 \\ 0.1261 \\ -0.0055 \\ 0.0178 \end{bmatrix} \tag{6-3}
$$

其中，城镇化 UR 的误差修正项系数为 -0.0006，说明存在反向修正机制，当城镇化率的短期波动偏离长期均衡时，将会以 0.06% 的调整力度将非均衡状态拉回到均衡状态。而经济发展、第二产业占比和第三产业占比的误差修正项系数分别为 0.0477、0.0007 和 0.0046，均为正，说明不存在负向反馈机制，因此无法将短期波动拉回到长期均衡状态。

6.2.5　城镇化与碳排放的脉冲响应函数分析

脉冲响应函数分析方法可以用来描述一个内生变量对由误差项所带来的冲击的反映，即在随机误差项上施加一个标准差大小的冲击后，对内生变量的当期值和未来值所产生的影响程度。通过对不同滞后期下脉冲响应的比较，分析变量之间相互作用的时滞关系，可以作为一种衡量和展现体系对冲击扰动所产生的动态反应的方法。本章将进一步基于 VEC 模型的脉冲响应分析来研究城镇化、经济发展和产业结构对碳排放的动态响应，脉冲响应设定为 15 年。

6.2.5.1　城镇化、经济发展、产业结构与碳排放量的脉冲响应函数

我们对城镇化、经济发展、产业结构和碳排放量进行脉冲响应函数分析，结果如图 6-2 和图 6-3 所示。

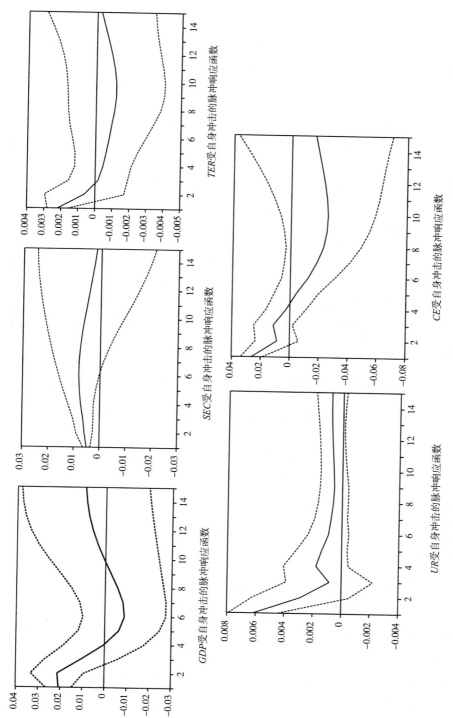

图 6－2　*UR*, *GDP*, *SEC*, *TER* 和 *CE* 受到自身冲击的脉冲响应函数曲线

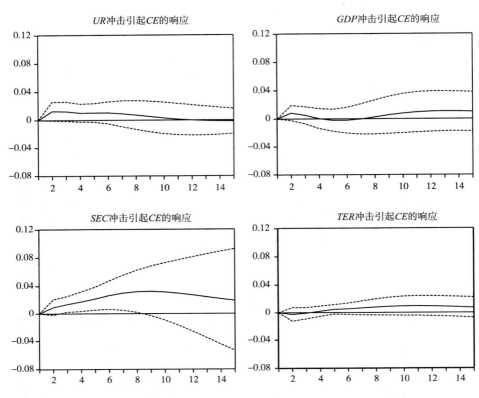

图 6 - 3 *UR*、*GDP*、*SEC*、*TER* 和 *CE* 间的脉冲响应函数曲线

（1）*UR*、*GDP*、*SEC*、*TER* 和 *CE* 受到自身冲击的脉冲响应函数分析。

由图 6 - 2 可知，第一，碳排放量受到来自自身的一个标准差信息冲击后，冲击效应为正，但这种正向效应逐渐减弱并在第 4 期减为 0，第 5 期后负向效应不断增强，第 10 期后逐渐趋向于 0；第二，城镇化受到来自自身的一个标准差信息冲击后，冲击效应为正且持续性较长，从第 4 期开始城镇化自身对其的正向冲击幅度较小，使得这种正向影响具有较长的持续效应；第三，经济发展水平受到自身的一个标准差信息冲击后，冲击效应为正，并在第 4 期减为 0，第 5 期负向效应发挥作用，但影响程度具有不断减弱的趋势，在第 10 期减为 0，之后表现为正向冲击且逐渐向 0 趋近；第四，第二产业受到来自自身的一个标准差信息冲击后，冲击效应始终为正且收敛速度较慢；第五，第三产业受到来自自身的一个标准差信息冲击后，冲击效应为正，在第 3 期减为 0，第 5 期为负向效应，第 10 期后负向冲击不断减弱，逐渐趋向于 0。

（2）UR、GDP、SEC、TER 与 CE 的脉冲响应函数分析。

由图 6 - 3 可知，第一，碳排放量受到一单位标准差的城镇化冲击后，冲击效应为正，在第 2 期达到最高值后逐渐下降，第 12 期开始表现为负向冲击，表明短期内 UR 对 CE 具有正向冲击，长期为负向冲击，这可能是因为短期内城镇化的快速发展推高了碳排放，长期内城镇化发展过程中更侧重结构优化和技术进步，减少碳排放；第二，在碳排放量受到一单位标准差的经济发展水平冲击后，除了第 5 期至第 7 期的冲击效应为负外，其他期均显示为正向冲击效应；第三，第二产业占比对碳排放量的一个标准差信息冲击始终为正，从第 2 期开始逐年上升并在第 9 期达到最高值 0.0325 之后逐渐下降但冲击效应依然为正；第四，碳排放量在受到第三产业的单位冲击后，第 2 期和第 3 期的冲击效应均为负，第 4 期开始表现为稳定的正向冲击效应。

6.2.5.2　城镇化、经济发展、产业结构与碳排放强度的脉冲响应函数分析

对城镇化、经济发展、产业结构和碳排放强度进行脉冲响应函数分析，结果如图 6 - 4 和图 6 - 5 所示。

（1）UR、GDP、SEC、TER 和 CI 分别受到自身冲击的脉冲响应函数分析。

由图 6 - 4 可知，第一，UR、GDP、SEC、TER 和 CI 分别受到来自自身的一个标准差信息冲击后，冲击效应均为正，且这种正向效应都呈现逐渐下降的趋势，其中，CI 在第 6 期趋向于 0，UR 在第 3 期收敛于 0，SEC 在前 10 期内均为正向效应，但长期表现出向 0 收敛的趋势，GDP 在第 6 期为 0，TER 在第 3 期为 0 后表现为负向效应，在第 10 期变为 0，在第 11 期开始表现为正向冲击且长期具有收敛于 0 的趋势。第二，CI 受到来自自身的一个标准差信息冲击后，冲击效应为正且这种影响具有较长的持续效应。

（2）UR、GDP、SEC、TER 与 CI 的脉冲响应函数分析。

由图 6 - 5 可知，第一，CI 受到来自 UR 的冲击后，前面 4 期均呈现出

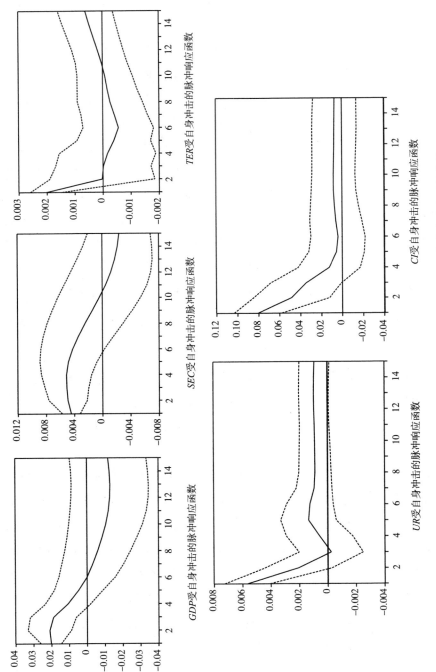

图 6-4　*UR、GDP、SEC、TER* 和 *CI* 受到自身冲击的脉冲响应函数曲线

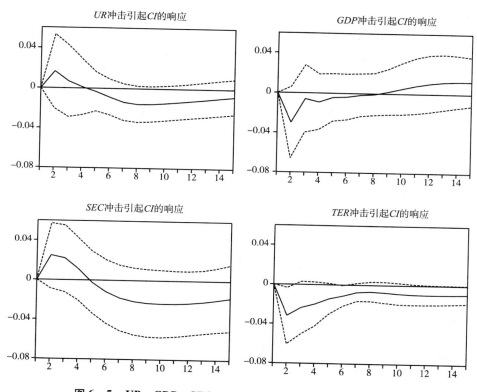

图 6 – 5　UR、GDP、SEC、TER 和 CI 间的脉冲响应函数曲线

正向冲击效应，自第 5 期开始表现为长期稳定的负向效应，这表明短期内城镇化发展将消耗更多的能源，产生更多的碳排放，而随着效率的提升和设施的共享，长期内城镇化会降低每单位温室气体排放量；第二，CI 受到来自 GDP 的单位冲击后，第 1 期至第 8 期具有显著的负向冲击作用，第 9 期之后则表现为正向冲击效应，说明经济发展对碳排放强度的冲击效应短期内为负、长期为正；第三，CI 在受到 SEC 一单位标准差的冲击后，前 4 期冲击效应为正，此后均显示为负向冲击效应；第四，CI 受到来自 TER 的单位信息冲击后，冲击效应为负且显著。

6.2.6　城镇化与碳排放的方差分解

方差分解通过分析每一个结构冲击对内生变量变化的贡献度来评价不

同结构冲击的重要性，能够定量地把握变量之间的影响关系。

6.2.6.1 城镇化、经济发展、产业结构与碳排放量的方差分解分析

从表 6 - 8 碳排放量的方差分解结果可知，第一，CE 的方差来自自身的贡献率呈现下降趋势，从第 1 期的 100% 不断降低到第 10 期的 30.63%；第二，CE 的方差中来自 UR 和 GDP 的贡献率呈现出不断下降的趋势，其中 UR 的贡献率由第 2 期的 14.58% 下降到第 10 期的 7.73%，GDP 的贡献率则由第 2 期的 6.29% 下降到第 10 期的 1.9%；第三，CE 的方差中来自第二产业占比 SEC 的贡献率呈现较快上升趋势，由第 1 期的 0 增长到第 10 期 56.27%，而来自第三产业占比 TER 的贡献率虽然呈现出上升趋势但值仍较小，第 10 期的贡献率最高，为 3.47%。综合来看，CE 的方差贡献率受到自身和 SEC 的影响较大，UR 影响次之，受到 GDP 的影响最小。

表 6 - 8 碳排放量的方差分解结果

周期	S. E.	CE（%）	UR（%）	GDP（%）	SEC（%）	TER（%）
1	0.0262	100.00	0.00	0.00	0.00	0.00
2	0.0331	70.03	14.58	6.29	8.46	0.64
3	0.0401	56.05	19.44	5.91	18.12	0.48
4	0.0452	44.44	20.41	4.65	29.91	0.59
5	0.0518	34.49	19.57	3.72	40.91	1.31
6	0.0609	29.03	17.10	2.82	49.26	1.79
7	0.0713	27.64	14.08	2.06	53.97	2.25
8	0.0822	28.34	11.37	1.63	55.97	2.69
9	0.0925	29.54	9.27	1.61	56.49	3.09
10	0.1018	30.63	7.73	1.90	56.27	3.47

由表 6 - 9 城镇化的方差分解结果可知，第一，UR 的方差来自自身的贡献率表现为持续下降趋势，从第 1 期的 82.35% 下降到第 10 期的 51.98%；第二，UR 的方差来自产业结构 SEC 和 TER 的贡献率呈现上升的

趋势但总体占比较小；第三，从第 2 期开始，*UR* 的方差中来自 *GDP* 的贡献率保持在 23% 左右；第四，*UR* 的方差中来自 *CE* 的贡献率总体呈现下降趋势，由第 1 期的 17.65% 降至第 10 期的 11.84%。长期来看，除自身因素的影响外，各变量对 *UR* 方差的贡献率影响大小的排名分别为 *GDP* > *CE* > *SEC* > *TER*。

表 6 – 9　　　　　　　　　　　城镇化的方差分解结果

周期	S. E.	CE（%）	UR（%）	GDP（%）	SEC（%）	TER（%）
1	0.0068	17.65	82.35	0.00	0.00	0.00
2	0.0082	15.08	69.01	10.88	1.55	3.48
3	0.0089	14.34	58.89	21.26	1.35	4.16
4	0.0093	13.34	56.96	23.37	1.98	4.35
5	0.0096	12.77	55.79	23.49	3.56	4.39
6	0.0098	12.59	54.76	22.87	4.96	4.82
7	0.0099	12.35	53.91	22.27	6.09	5.38
8	0.0100	12.08	53.16	21.88	6.96	5.90
9	0.0101	11.92	52.52	21.58	7.59	6.39
10	0.0102	11.84	51.98	21.28	8.13	6.77

由表 6 – 10 经济发展水平的方差分解结果可知，第一，*GDP* 的方差来自自身的贡献率下降幅度较大，第 1 期的贡献率为 53.88%，而第 10 期的贡献率仅为 13.13%；第二，*GDP* 的方差中来自 *CE* 的贡献率也较大，始终维持在 35% 以上，第 4 期的贡献率高达 66.39%；第三，*GDP* 的方差中来自 *UR* 的贡献率呈现上升趋势，由第 1 期的 7.69% 增至第 10 期的 15.38%；第四，*GDP* 的方差受来自 *SEC* 的贡献率从第 8 期开始呈现快速上升趋势，第 10 期的贡献率高达 31.69%，而前期的贡献率较小增速也较慢；*GDP* 的方差受来自 *TER* 的贡献率较小，第 10 期最高也仅为 2.56%。综合来看，*GDP* 的方差主要来自 *CE*、*SEC* 和 *UR* 的贡献，来自 *TER* 的贡献率几乎可以忽略不计。

表 6 – 10 经济发展水平的方差分解结果

周期	S. E.	CE（%）	UR（%）	GDP（%）	SEC（%）	TER（%）
1	0.0282	38.43	7.69	53.88	0.00	0.00
2	0.0438	47.38	6.58	46.01	0.02	0.01
3	0.0548	60.94	5.31	33.04	0.41	0.30
4	0.0615	66.39	6.44	26.26	0.34	0.57
5	0.0663	65.42	9.50	23.48	0.92	0.68
6	0.0706	59.81	13.22	22.28	3.93	0.77
7	0.0754	52.42	16.05	20.66	9.89	0.97
8	0.0814	45.61	17.16	18.23	17.65	1.36
9	0.0885	40.54	16.69	15.52	25.33	1.92
10	0.0962	37.24	15.38	13.13	31.69	2.56

由表 6 – 11 产业结构的方差分解结果可知，第一，SEC 的方差来自自身的贡献率较高，而 TER 的方差来自自身的贡献率较低且呈现不断下降的趋势，由第 1 期的 13.31% 下降为第 10 期的 2.21%；第二，SEC 和 TER 的方差来自 GDP 的贡献率均呈现出快速下降的趋势，其中 GDP 对 SEC 的方差贡献率由第 1 期的 38.68% 下降为第 10 期的 6.41%，GDP 对 TER 的方差贡献率由第 1 期的 34.37% 下降为第 10 期的 8.73%；第三，SEC 和 TER 的方差来自 CE 的贡献率均呈现出快速上升的趋势，其中 CE 对 SEC 的方差贡献率由第 1 期的 2.11% 上升为第 10 期的 37.84%，CE 对 TER 的方差贡献率由第 1 期的 2.37% 上升为第 10 期的 38.82%；第四，SEC 和 TER 的方差来自 UR 的贡献率较小几乎可以忽略不计。总结来看，除自身因素的影响外，其他因素对产业结构 SEC 和 TER 的方差贡献排名分别为 $CE > GDP > UR$。

表 6 – 11 产业结构的方差分解结果

周期	SEC 的方差分解						TER 的方差分解					
	S. E.	CE（%）	UR（%）	GDP（%）	SEC（%）	TER（%）	S. E.	CE（%）	UR（%）	GDP（%）	SEC（%）	TER（%）
1	0.0065	2.11	2.22	38.68	56.99	0.00	0.0060	2.37	5.45	34.37	44.51	13.30
2	0.0093	3.79	1.07	28.51	66.28	0.35	0.0080	1.54	3.13	37.82	49.39	8.12
3	0.0120	9.23	0.78	19.99	68.84	1.16	0.0095	3.84	2.29	33.29	54.82	5.76
4	0.0150	16.00	0.89	13.61	68.22	1.28	0.0110	8.48	1.78	25.94	59.36	4.44

续表

周期	SEC 的方差分解						TER 的方差分解				
	S. E.	CE (%)	UR (%)	GDP (%)	SEC (%)	TER (%)	S. E.	CE (%)	UR (%)	GDP (%)	SEC (%)	TER (%)
5	0.0181	22.28	0.78	9.72	65.86	1.36	0.0129	15.86	1.37	19.15	60.15	3.47
6	0.0213	27.61	0.61	7.53	62.75	1.50	0.0151	23.31	1.04	14.24	58.59	2.82
7	0.0242	31.65	0.48	6.45	59.77	1.65	0.0173	29.40	0.79	11.18	56.21	2.42
8	0.0268	34.54	0.42	6.07	57.15	1.82	0.0194	33.81	0.68	9.54	53.71	2.26
9	0.0289	36.53	0.47	6.12	54.90	1.98	0.0211	36.85	0.72	8.84	51.38	2.21
10	0.0307	37.84	0.60	6.41	53.04	2.11	0.0225	38.82	0.91	8.73	49.33	2.21

6.2.6.2　城镇化、经济发展、产业结构与碳排放强度的方差分解分析

继续对 UR、GDP、SEC、TER 和 CI 进行方差分解, 结果如表 6 – 12 ~ 表 6 – 15 所示。由表 6 – 12 可知, CI 来自自身的贡献率最大, 但由第 1 期的 100% 降低至第 10 期的 56.52%, 呈现出逐年降低的态势; 来自 SEC 的贡献率次之, 由第 1 期的 0% 增长至第 10 期的 17.15%; 来自 TER 的贡献率也呈现不断上升的趋势, 由第 1 期的 0% 增长至第 10 期的 13.63%; 来自 UR 和 GDP 的贡献均较小, 前十期均处于 10% 以下。

表 6 – 12　　碳排放强度的方差分解结果

周期	S. E.	CI (%)	UR (%)	GDP (%)	SEC (%)	TER (%)
1	0.0806	100.00	0.00	0.00	0.00	0.00
2	0.1079	76.08	2.36	7.67	5.14	8.75
3	0.1182	72.06	2.31	6.64	7.66	11.33
4	0.1213	69.46	2.19	6.85	8.07	13.43
5	0.1224	68.41	2.23	6.85	7.96	14.55
6	0.1239	66.88	2.67	6.78	8.65	15.02
7	0.1263	64.59	3.74	6.54	10.34	14.79
8	0.1294	61.85	5.01	6.23	12.56	14.35
9	0.1328	59.11	6.10	5.94	14.91	13.94
10	0.1362	56.52	6.92	5.78	17.15	13.63

表 6 – 13 城镇化的方差分解结果

周期	S. E.	CI（%）	UR（%）	GDP（%）	SEC（%）	TER（%）
1	0.0058	5.39	94.61	0.00	0.00	0.00
2	0.0066	10.05	83.60	2.46	2.80	1.09
3	0.0074	15.12	65.89	2.29	4.91	11.79
4	0.0081	13.37	56.13	10.15	7.21	13.13
5	0.0084	12.37	54.36	11.29	9.33	12.65
6	0.0086	11.96	53.83	11.06	10.90	12.25
7	0.0088	11.92	53.12	10.68	11.71	12.57
8	0.0089	12.01	52.33	10.36	12.22	13.08
9	0.0091	11.94	51.61	10.07	12.81	13.57
10	0.0092	11.78	50.85	9.80	13.62	13.95

表 6 – 14 经济发展水平的方差分解结果

周期	S. E.	CI（%）	UR（%）	GDP（%）	SEC（%）	TER（%）
1	0.0274	29.19	16.36	54.45	0.00	0.00
2	0.0401	29.02	18.03	52.93	0.00	0.02
3	0.0477	25.38	19.11	53.30	0.52	1.69
4	0.0524	22.55	21.41	48.29	3.85	3.90
5	0.0577	19.19	23.58	40.62	11.06	5.55
6	0.0641	16.01	24.96	32.84	20.10	6.09
7	0.0713	13.59	25.35	26.79	28.08	6.19
8	0.0783	12.02	25.04	22.75	33.94	6.25
9	0.0849	11.05	24.30	20.37	37.85	6.43
10	0.0907	10.44	23.35	19.18	40.31	6.72

表 6 – 15 产业结构的方差分解结果

周期	SEC 的方差分解					TER 的方差分解					
	S. E.	CI（%）	UR（%）	GDP（%）	SEC（%）	TER（%）	S. E.	CI（%）	UR（%）	GDP（%）	SEC（%）	TER（%）
1	0.0062	31.54	4.96	12.13	51.37	0.00	0.0056	28.57	5.81	15.33	37.13	13.16
2	0.0087	28.92	3.55	8.43	57.64	1.46	0.0077	28.82	3.86	22.90	37.58	6.84
3	0.0108	27.28	5.41	5.89	59.88	1.54	0.0090	31.57	4.89	17.26	41.22	5.06

续表

周期	SEC 的方差分解						TER 的方差分解					
	S. E.	CI (%)	UR (%)	GDP (%)	SEC (%)	TER (%)	S. E.	CI (%)	UR (%)	GDP (%)	SEC (%)	TER (%)
4	0.0124	23.92	6.51	6.33	61.91	1.33	0.0099	29.47	5.63	14.64	46.03	4.23
5	0.0138	20.94	6.12	8.54	62.93	1.47	0.0107	26.29	5.26	14.94	49.75	3.76
6	0.0149	18.65	5.41	12.29	61.92	1.73	0.0114	23.36	4.65	17.48	50.99	3.52
7	0.0158	17.06	4.82	16.41	59.83	1.88	0.0121	21.17	4.16	21.10	50.30	3.27
8	0.0164	16.07	4.47	19.98	57.55	1.93	0.0125	19.80	3.93	24.40	48.79	3.08
9	0.0169	15.45	4.43	22.74	55.43	1.95	0.0128	18.94	4.08	27.03	47.01	2.94
10	0.0172	15.03	4.72	24.65	53.65	1.95	0.0131	18.33	4.64	28.82	45.37	2.84

由表 6 - 13 ~ 表 6 - 15 各因素的方差分解结果可知，第一，UR 受到自身的影响虽由第 1 期的 94.61% 降低至第 10 期的 50.85%，但影响程度仍最大；来自 TER 的影响程度次之，由第 1 期的 0% 增长至第 10 期的 13.95%；受到 CI 和 GDP 的贡献较小。第二，GDP 受自身的贡献率由第 1 期的 54.45% 降低至第 10 期的 19.18%；来自 SEC 的贡献率由第 1 期的 0% 快速增至第 10 期的 40.31%，第 7 期开始影响程度超过 GDP 自身因素的贡献程度；来自 UR 的贡献率次之，维持在 20%；受到 CI 和 TER 的贡献率较低。第三，SEC 受到自身的贡献率最大，而 TER 受自身的贡献率较小，SEC 对其的贡献率最大；CI 和 GDP 对 SEC 和 TER 的贡献率也较大，而受到来自 UR 的贡献则较小，处于 10% 以下。

6.3　城镇化对碳排放的时变效应与作用路径

6.3.1　状态空间模型构建

6.3.1.1　状态空间模型简介

在传统的计算回归模型中，回归方程所估计参数的样本期间是静态和固定的，变量之间存在着稳定的关系。但是，这种静态的固定参数模型不能刻画不可观测原因所导致的变量之间的相关程度变化。基于此，现代控制理论的创始人卡尔曼（Kalman）于1960年提出了状态空间方法。作为一种时域方法，状态空间方法引入了状态变量的概念，用量测方程描述量测信息，用状态方程描述动态系统。由量测方程和状态方程构建的状态空间模型，建立了系统内部与可观测变量之间的关系，与固定参数模型相比，有两方面的优点：第一，不可观测的变量（状态变量）通过状态空间纳入观测模型，得到相关估计结果；第二，通过强有效的递归算法——卡尔曼滤波来估计状态空间模型，不仅可以估计似然函数，也能够预测和平滑不可观测的变量。一般来说，量测方程和状态方程如下式所示。

设 y_t 是 $k \times 1$ 维可观测的经济变量，α_t 代表 $m \times 1$ 维状态向量，则"量测方程"如式（6-4）所示。

$$y_t = Z_t \alpha_t + d_t + \mu_t \quad t = 1,2,3,4\cdots,T \qquad (6-4)$$

其中，Z_t 代表 $k \times m$ 阶矩阵；d_t 代表 $k \times 1$ 维向量；μ_t 代表均值为0，协方差矩阵等于 H_t 的连续不相关扰动项的 $k \times 1$ 维向量。

一般而言，α_t 是不可观测的，然而其可以表示成一阶马尔科夫过程。因此可以将状态方程定义成式（6-5）。

$$\alpha_t = T_t \alpha_{t-1} + c_t + R\varepsilon_t \quad t = 1,2,3,4\cdots,T \qquad (6-5)$$

其中，T_t 代表 $m \times m$ 阶矩阵；c_t 代表 $m \times 1$ 维向量；R_t 代表 $m \times g$ 矩阵；ε_t 表示均值为0，协方差矩阵等于 Q_t 的连续不相关扰动项的 g$\times 1$ 维向量。

6.3.1.2 状态空间模型构建

为了进一步分析城镇化、经济发展水平、产业结构对碳排放的时变影响，基于状态空间模型的基本理论，我们将碳排放量（CE）或碳排放强度（CI）作为因变量，城镇化（UR）、经济发展水平（GDP）和产业结构（SEC、TER）作为自变量，建变参数模型如下式所示。

$$CE = a_1 + b_{1t}(UR) + b_{2t}(GDP) + b_{3t}(SEC) + b_{4t}(TER) + \mu_t$$

$$(6-6)$$

$$b_{1t} = \varphi_1 b_{1t-1} + \varepsilon_{1t} \qquad (6-7)$$

$$b_{2t} = \varphi_2 b_{2t-1} + \varepsilon_{2t} \qquad (6-8)$$

$$b_{3t} = \varphi_3 b_{3t-1} + \varepsilon_{3t} \qquad (6-9)$$

$$b_{4t} = \varphi_4 b_{4t-1} + \varepsilon_{4t} \qquad (6-10)$$

其中，公式（6-6）是"量测方程"，表示碳排放与城镇化、经济发展和产业结构之间的关系。系数向量 b_{1t}、b_{2t}、b_{3t}、b_{4t}是状态向量，表示在不同时点上碳排放对城镇化、经济水平和产业结构等因素的参数值，运用 Kalman 滤波算法则可计算变参数 b_{1t}、b_{2t}、b_{3t} 和 b_{4t} 的值；a_1 是常数项；μ_t 是扰动项，其均值为 0，方差服从正态分布；式（6-7）、式（6-8）、式（6-9）、式（6-10）共同组成"状态方程"，描述了状态变量的生成过程；b_{1t}、b_{2t}、b_{3t}、b_{4t} 被称为可变参数，它们是随着时间变化而改变的不可观测变量，可以表示成一阶马尔科夫（Markov）过程。这里采用递归形式定义状态空间模型，φ、ε 是递归系数。

6.3.2　城镇化对碳排放时变作用的实证分析

前文的分析表明变量间具有平稳性和协整关系，满足了构建状态空间模型的前提条件。

6.3.2.1　城镇化、经济发展、产业结构对碳排放量的时变作用

以碳排放量为因变量，城镇化、经济发展和产业结构作为自变量，状态空间模型估计结果如式（6-11）所示。

$$CE = -4.8515 + b_{1t}(UR) + b_{2t}(GDP) + b_{3t}(SEC) + b_{4t}(TER) + \mu_t$$

$$(6-11)$$

其中，可变参数的 Z 值分别是 2.0449、14.3476、-3.2098 和 -13.9241，它们对应的 P 值分别为 0.0409、0、0.0013 和 0。因此，b_{1t}通过了 5% 的显著性检验，b_{2t}、b_{3t} 和 b_{4t} 都在 1% 的水平上显著。进一步观察时变参数在各年度的变化情况，具体结果如表 6-16 所示。为了更清晰地观测状态向量

的变化趋势，将 b_{1t}、b_{2t}、b_{3t} 和 b_{4t} 的估计值做成折线图，结果如图6−6~图6−9所示。

表6−16　　　　　　　　　时变参数 b_{1t}、b_{2t}、b_{3t} 和 b_{4t} 的估计值

年份	b_1	b_2	b_3	b_4	年份	b_1	b_2	b_3	b_4
1990	0	0	0	0	2004	1.8000	0.6332	−3.0069	−2.2638
1991	0.0375	1.2269	−0.1005	−0.1919	2005	1.8707	0.6329	−2.9419	−2.2864
1992	0.0451	1.2511	−0.0988	−0.0363	2006	2.0535	0.6317	−2.7820	−2.3427
1993	0.6125	0.8486	−4.9681	0.0504	2007	2.1232	0.6316	−2.7143	−2.3653
1994	13.1145	0.4976	−3.4940	−0.5217	2008	2.1323	0.6315	−2.7081	−2.3670
1995	34.9535	−0.1067	−0.9974	−1.4221	2009	2.0736	0.6322	−2.7294	−2.3644
1996	−30.8203	1.5007	−12.1718	1.8283	2010	2.0150	0.6376	−2.6205	−2.4010
1997	−2.5807	0.7510	−4.1484	−1.7542	2011	1.7875	0.6545	−2.4390	−2.4315
1998	−6.6389	0.8564	−4.5703	−1.6573	2012	1.6044	0.6722	−2.1676	−2.4975
1999	−3.9282	0.7822	−4.3304	−1.7258	2013	1.5061	0.6912	−1.7633	−2.6083
2000	−0.1073	0.6829	−3.5122	−2.0485	2014	1.5107	0.7015	−1.4694	−2.6971
2001	0.8324	0.6599	−3.2205	−2.1678	2015	1.5277	0.7086	−1.2539	−2.7623
2002	1.3527	0.6456	−3.1091	−2.2175	2016	1.5097	0.7162	−1.0972	−2.7973
2003	2.0299	0.6310	−2.8318	−2.3256					

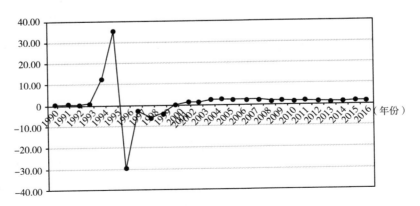

图6−6　时变参数 b_{1t} 估计值的变化趋势

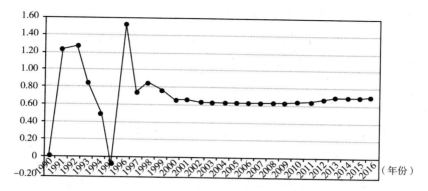

图 6-7　时变参数 b_{2t} 估计值的变化趋势

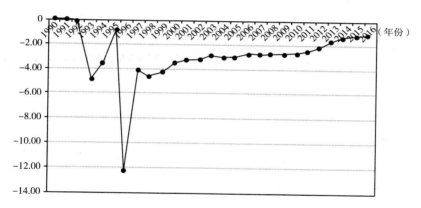

图 6-8　时变参数 b_{3t} 估计值的变化趋势

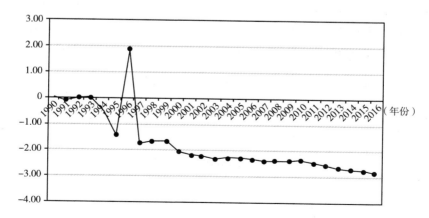

图 6-9　时变参数 b_{4t} 估计值的变化趋势

状态空间模型所采用的 Kalman 滤波算法在前面几次取值的随机性较大，这导致了数值的波动范围较大，一般而言没有实际意义（刘红云等，2011）。由表 6 – 16 及图 6 – 6 ~ 图 6 – 9 可以看出，从 1996 年开始，四个参数的取值即趋于稳定，因此认为 1996 年以后的状态空间模型回归系数的估算值是有效的。

（1）从城镇化的参数系数来看，参数系数由 1997 年的 – 2.5807 到 2000 年的 – 0.1073 和 2001 年的 0.8324 最后到 2016 年的 1.5097，长三角城镇化变动对碳排放的影响由短期的负向效应快速转变为长期的正向作用。城镇化初始阶段，低水平的城镇化消耗的能源资源量较少再加上基础设施共享以及城市居民环保意识的增强导致排放的温室气体量较少；而随着城镇化的快速发展，维持高水平的城镇生活消耗越来越多的煤炭、石油、天然气等能源资源；城市建设的兴起增加了对钢铁、水电的需求，进而产生更多的碳排放；此外，城市规模的盲目扩张以及中小城市间的无序集聚并不能有效发挥规模效应和集聚效应，相反，人口向城市的集中造成了交通拥堵、污染加重等一系列城市问题。因此，在城镇化发展的过程中，应合理、科学规划城市格局，关注城市建设的节能环保，进行绿色建设。

（2）从经济发展的参数看，自 1996 年起经济发展水平的参数系数始终为正值，这表明经济水平的提高加重了城市群的环境压力。一般而言，经济的高速发展特别是传统经济活动的开展一般是以消耗大量的能源资源为基础，带来众多诸如碳排放等环境问题。因此，未来的经济发展则应进一步推广节能技术，着力发展碳减排技术，改善能源结构。

（3）从产业结构的参数看，第二产业占比的参数系数由 1997 年的 – 4.1484 到 2016 年的 – 1.0972，而第三产业占比的参数系数由 1997 年的 – 1.7542 到 2016 年的 – 2.7973。长三角的产业结构变动对碳排放的作用效应始终为负。其中，第二产业对碳排放的负向作用具有不断缩小、逐渐向 0 收敛的趋势，第三产业对碳排放的负向效应则在不断扩大，表明长期内，第二产业的调整能减少碳排放但减少的幅度较小，而第三产业的优化发展则能大大地降低碳排放量。因此，应注重产业结构的优化升级对环境保护的作用，尤其是发挥第三产业的功能，在促进经济发展的同时实现绿色、低碳发展。

6.3.2.2　城镇化、经济发展、产业结构对碳排放强度的时变作用

碳排放强度（CI）作为因变量，城镇化、经济发展和产业结构作为自变量，状态空间模型的估计结果如式（6 – 12）所示：

$$CI = -0.8115 + SV_{1t}(UR) + SV_{2t}(GDP) + SV_{3t}(SEC) + SV_{4t}(TER) + \mu_t$$

$$(6 - 12)$$

其中，可变参数的 Z 值分别是 2.4168、– 8.3224、1.8316 和 1.9465，对应的 P 值分别为 0.0157、0、0.0670 和 0.0516。因此，SV_{1t} 通过了 5% 的显著性检验，SV_{2t} 在 1% 的水平上显著，SV_{3t} 和 SV_{4t} 在 10% 的水平上显著。进一步地，各变量时变参数的具体变化情况如图 6 – 10 ~ 图 6 – 13 所示。从 1994 年开始，四个参数的取值即趋于稳定，因此认为 1994 年以后的状态空间模型回归系数的估算值是有效的。

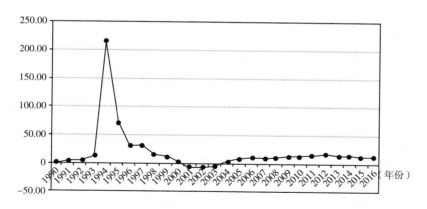

图 6 – 10　时变参数 SV_{1t} 估计值的变化趋势

由图 6 – 10 可知，城镇化的参数除了在 2001 ~ 2003 年为负值外，其他年份均为正值，因此，从整体来看，长三角城镇化对碳排放强度具有正向影响，城镇化水平的提高会增加每单位温室气体的排放。这是因为城镇化的发展会促进生产和生活各方面的能源资源消耗，从而使得碳排

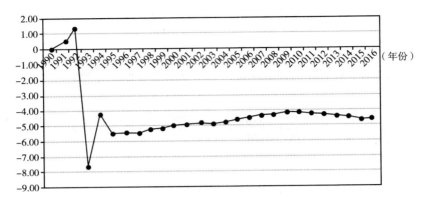

图 6-11　时变参数 SV_{2t} 估计值的变化趋势

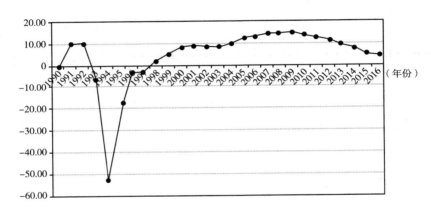

图 6-12　时变参数 SV_{3t} 估计值的变化趋势

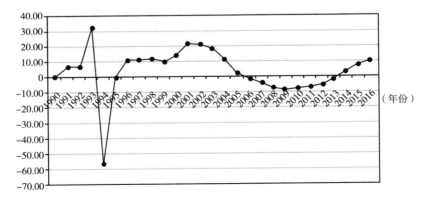

图 6-13　时变参数 SV_{4t} 估计值的变化趋势

放强度上升。

由图 6 - 11 可知，经济发展水平的参数系数自 1993 年起一直为负，说明长三角经济水平的提高对碳排放强度呈现出负向作用，主要是因为经济的快速发展且经济增长速度远超碳排放量的增长速度，这使得碳排放强度的分母变大，从而分摊了碳排放总量，导致碳排放强度下降。此外，经济发展促进了技术水平和环保意识的增强，从而降低了碳排放强度，这也可能是碳排放强度下降的另一个原因。因此，我们应更加注重技术进步和结构优化所带来的碳减排效应。

由图 6 - 12 和图 6 - 13 可知，第二产业占比的参数系数由 1993 年的 - 6. 1405 到 1997 年的 - 2. 8110，再到 2016 年的 4. 5111，说明短期内长三角第二产业变动对碳排放强度具有负向影响，随着时间的变化，长期则具有正向影响。这是因为，早期第二产业发展水平较低，产生的能耗较少；随着第二产业迅速发展，加大了对钢铁、煤炭等资源的需求，从而提高了单位产值的碳排放。第三产业占比的参数系数由 1996 年的 10. 4369 到 2013 年的 - 1. 9716，对碳排放强度的影响由正向效应逐渐转变为负向效应，而 2014 年开始又逐渐转变为正向影响。因此，要重点发挥第三产业等轻工业的结构优化以及节能减排作用。

6.3.3　城镇化对碳排放的作用路径分析

6.3.3.1　经济发展水平在城镇化影响碳排放路径中的中介效应分析

通过前面的实证分析发现，第一，经济发展水平与碳排放互为因果关系，且长期内对碳排放具有显著的正向影响；第二，城镇化在滞后 1 阶时是经济发展水平的格兰杰原因，也是碳排放的格兰杰原因，且长期内对碳排放存在正向影响；第三，第二产业占比与碳排放互为因果关系，第三产业占比是碳排放的格兰杰原因；第四，城镇化是第二产业发展的格兰杰原因，而第三产业发展是城镇化的格兰杰原因。因此，可能存在城镇化→经济发展水平→碳排放和城镇化→产业结构→碳排放的中介传导路径。为了研究经济发展以及产业结构在城镇化促进碳排放过程中的作用机制，需要对经济水平和产业结构进行中介效应检验。

（1）状态空间模型和中介效应模型构建。

参考陈东等（2013）、贺俊等（2017）和温忠麟等（2005；2014）学者的研究成果，进行中介效应检验需要用到 3 个量测方程，以城镇化（UR）→经济发展水平（GDP）→碳排放量（CE）的中介传导路径为例，构建三个对应的状态空间模型。

状态空间模型 1：

$$
\begin{aligned}
CE &= c_0 + SV(UR) + \mu_t \\
SV_1 &= SV_1(-1)
\end{aligned}
\tag{6-13}
$$

状态空间模型 2：

$$
\begin{aligned}
GDP &= c_1 + SV_2(UR) + \mu_t \\
SV_2 &= SV_2(-1)
\end{aligned}
\tag{6-14}
$$

状态空间模型 3：

$$
\begin{aligned}
CE &= c_3 + SV_3(UR) + SV_4(GDP) + \mu_t \\
SV_3 &= SV_3(-1) \\
SV_4 &= SV_4(-1)
\end{aligned}
\tag{6-15}
$$

其中，SV_1 是 UR 对 CE 的总效应，SV_3 是 UR 对 CE 的直接效应，SV_2、SV_4 是经过中介变量 GDP 的中介效应。同理，也可以构建城镇化（UR）→产业结构（SEC、TER）→碳排放量（CE）的状态空间模型和中介效应模型。

（2）$UR{\rightarrow}GDP{\rightarrow}CE$ 作用路径检验。

式（6-13）、式（6-14）和式（6-15）中所有变量均为同阶单整且均存在长期稳定的均衡关系，对所有公式进行回归检验，结果如表 6-17 所示。在控制了其他变量（经济因素）的影响后，城镇化对碳排放量具有显著的正向影响（$SV_1 = 25.5298$）。

表 6 - 17　　　　　　　　　　　$UR \to GDP \to CE$ 作用路径检验结果

变量	碳排放（CE）	经济发展水平（GDP）	碳排放（CE）
城镇化（UR）	$SV_1 = 25.5298^{***}$ [0]	$SV_2 = 23.6124^{***}$ [0]	$SV_3 = -8.7716^{***}$ [0]
经济发展水平（GDP）			$SV_4 = 1.4527^{***}$ [0]

注：[ ] 内为概率 P 值；*** 代表在 1% 的水平上显著。

　　加入经济发展水平变量后，在 1% 的显著性水平下，城镇化对碳排放量存在显著的负向影响（$SV_3 = -8.7716$）。城镇化的发展在短期内将增加碳排放，而在长期内则对环境污染具有缓解作用。在城镇化（UR）→ 经济发展水平（GDP）→ 碳排放量（CE）的中介传导路径中，经济发展水平对碳排放量在 1% 显著水平下具有显著的正向作用（$SV_4 = 1.4527$），而城镇化则对经济发展水平具有显著的正向影响（$SV_2 = 23.6124$）。可以认为，在中介传导路径 $UR \to GDP \to CE$ 中，城镇化对碳排放量具有负向的直接效应，经济发展起到部分中介效应。运用麦金农等（Mackinnon et al.，2002）提出的中介效应占比公式（$SV_2 \times SV_4$）/（$SV_2 \times SV_4 + |SV_3|$），可以计算出在城镇化的路径中经济发展水平的中介效应为 79.64%。因此，经济发展水平的中介效应是城镇化影响碳排放量、发挥减排效应的主要路径。发挥经济发展水平的中介作用至关重要，通过绿色的、高效的经济发展去实现新型城镇化，继而实现碳减排目标。具体中介路径如图 6 - 14 所示。

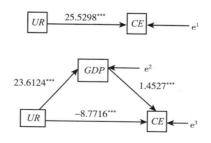

图 6 - 14　$UR \to GDP \to CE$ 作用路径

（3） $UR \rightarrow GDP \rightarrow CI$ 作用路径检验。

将碳排放强度（CI）作为因变量，城镇化（UR）作为自变量，经济发展（GDP）作为中介变量，构建中介效应模型。首先，构建的模型中所有变量都为同阶单整且存在长期稳定的均衡关系，因此我们对中介效应模型进行回归分析，结果如表 6 – 18 和图 6 – 15 所示。未加入经济发展水平因素时，在 1% 的显著性水平下，城镇化对碳排放强度具有显著的正向作用（$SV_1 = 6.1590$），这与前面城镇化发展对碳排放的时变作用结果一致。

表 6 – 18　　　　　　　　　　$UR \rightarrow GDP \rightarrow CI$ 作用路径检验结果

变量	碳排放强度（CI）	经济发展水平（GDP）	碳排放强度（CI）
城镇化（UR）	$SV_1 = 6.1590^{***}$ [0]	$SV_2 = 23.6124^{***}$ [0]	$SV_3 = -27.7527^{***}$ [0]
经济发展水平（GDP）			$SV_4 = 1.4362^{***}$ [0]

注：[ ] 内为概率 P 值；*** 代表在 1% 的水平上显著。

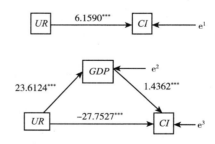

图 6 – 15　$UR \rightarrow GDP \rightarrow CI$ 作用路径

加入经济发展水平变量后，在作用路径城镇化（UR）→经济发展水平（GDP）→碳排放强度（CI）中，所有变量均显著，故不需要另外进行 Sobel 检验。具体来看，城镇化对碳排放强度存在显著的负向作用（$SV_3 = -27.7527$）；此外，城镇化对经济发展水平具有显著的正向作用（$SV_2 = 23.6124$），同时在 1% 的显著性水平下，经济发展水平对碳排放强度也具有正向作用（$SV_4 = 1.4362$）。所以，在城镇化（UR）→经济发展水平（GDP）→碳排放强度（CI）的传导路径中，经济发展水平起到正向部分中介效应，其中介效应占总效应的54.99%。

6.3.3.2　产业结构在城镇化影响碳排放路径中的中介效应分析

（1）$UR{\rightarrow}SEC$（TER）${\rightarrow}CE$ 作用路径检验。

借鉴城镇化（UR）→经济发展水平（GDP）→碳排放量（CE）的中介效应构建方式，分别构建城镇化（UR）→第二产业占比（SEC）→碳排放量（CE）和城镇化（UR）→第三产业占比（TER）→碳排放量（CE）的链式中介传导路径。在检验到所有变量均为一阶单整且存在长期稳定的均衡关系的前提下，进行回归结果分析，结果如表6-19所示，作用路径如图6-16所示。

表6-19　　　　　　$UR{\rightarrow}SEC$（TER）${\rightarrow}CE$ 作用路径检验结果

城镇化（UR）→第二产业占比（SEC）→碳排放量（CE）的中介效应路径			
变量	碳排放量（CE）	第二产业占比（SEC）	碳排放量（CE）
城镇化（UR）	$SV_1 = 25.5298$ *** [0]	$SV_2 = 1.1165$ *** [0]	$SV_3 = 8.3683$ *** [0]
第二产业占比（SEC）			$SV_4 = 15.3705$ *** [0]
城镇化（UR）→第三产业占比（TER）→碳排放量（CE）的中介效应路径			
变量	碳排放量（CE）	第三产业占比（TER）	碳排放量（CE）
城镇化（UR）	$SV_1 = 25.5298$ *** [0]	$SV_2 = 0.9469$ *** [0]	$SV_3 = -17.2650$ *** [0]
第三产业占比（TER）			$SV_4 = 45.1935$ *** [0]

注：[ ]内为概率P值；*** 代表在1%的水平上显著。

未考虑产业结构因素的影响时，城镇化对碳排放有显著的正向影响（$SV_1 = 25.5298$），即城镇化会通过人口迁移、产业结构转变、城市环境改变等促进碳排放。加入产业结构变量后，在城镇化（UR）→第二产业占比（SEC）→碳排放（CE）的中介传导路径中，城镇化对碳排放仍存在显著的正向作用（$SV_3 = 8.3683$），而在城镇化（UR）→第三产业占

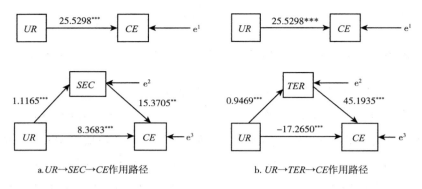

a. UR→SEC→CE 作用路径　　　　　　　b. UR→TER→CE 作用路径

图 6 – 16　UR→SEC（TER）→CE 作用路径

比（*TER*）→碳排放（*CE*）的中介传导路径中，城镇化对碳排放则存在显著的负向作用（ – 17. 2650）；此外，第二产业占比对碳排放存在正向影响（$SV_4 = 15.3705$），第三产业占比对碳排放也表现为正向效应（45. 1935）。另外，在 1% 的显著性水平下，城镇化对第二产业占比和第三产业占比均表现为正向效应（$SV_2 = 1.1165$ 和 $SV_2 = 0.9469$），这表明高城镇化水平的地区往往第二、第三产业比重也较大。总之，在城镇化（*UR*）→第二产业占比（*SEC*）→碳排放（*CE*）的中介传导路径中，城镇化对碳排放具有正向的直接效应，第二产业起到正向的中介作用，且中介效应占总效应的比重为 66. 22%；在城镇化（*UR*）→第三产业占比（*TER*）→碳排放（*CE*）的中介传导路径中，城镇化对碳排放具有负向的直接效应，而第三产业则发挥正向的中介作用，且中介效应占总效应的比重为 71. 25%。这说明产业结构的变化会加重城镇化的环境压力，虽然在第三产业的作用路径中，城镇化最终会减少碳排放量，但产业结构的中介作用将会增加碳排放，不合理产业结构配置下的经济活动开展将会增加环境压力，因此优化和升级第二和第三产业结构、有效发挥结构作用的减排效应是有必要的。

（2）UR→SEC（TER）→CI 作用路径检验。

参考产业结构在城镇化影响碳排放量路径中的中介效应方式，构建中介效应模型，在所有变量均为一阶单整变量并存在长期稳定的均衡关系的基础上，进行回归结果分析，回归结果如表 6 – 20 和图 6 – 17 所示。未考虑产业结构变量时，SV_1通过了1%的显著性检验，城镇化对碳排放强度具有正向作用（6.159）。

表6－20　　　　　　　　$UR{\rightarrow}SEC$（TER）${\rightarrow}CI$ 作用路径检验结果

城镇化（UR）→第二产业占比（SEC）→碳排放量（CI）的中介效应路径			
变量	碳排放强度（CI）	第二产业占比（SEC）	碳排放强度（CI）
城镇化（UR）	$SV_1 = 6.1590^{***}$ [0]	$SV_2 = 1.1165^{***}$ [0]	$SV_3 = -11.4491^{***}$ [0]
第二产业占比（SEC）			$SV_4 = 15.7704^{***}$ [0]
城镇化（UR）→第三产业占比（TER）→碳排放强度（CI）的中介效应路径			
变量	碳排放强度（CI）	第三产业占比（TER）	碳排放强度（CI）
城镇化（UR）	$SV_1 = 6.1590^{***}$ [0]	$SV_2 = 0.9469^{***}$ [0]	$SV_3 = -36.6103^{***}$ [0]
第三产业占比（TER）			$SV_4 = 45.1666^{***}$ [0]

注：[ ] 内为概率P值；*** 代表在1%的水平上显著。

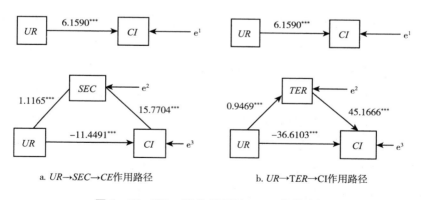

a. $UR{\rightarrow}SEC{\rightarrow}CE$作用路径　　　　　b. $UR{\rightarrow}TER{\rightarrow}CI$作用路径

图6－17　$UR{\rightarrow}SEC$（TER）${\rightarrow}CI$ 作用路径

加入产业结构变量后，各变量均在1%的水平上显著，说明模型中存在明显的中介效应。其中，在城镇化（UR）→产业结构（SEC、TER）→碳排放强度（CI）的中介传导路径中，城镇化对碳排放强度具有显著的负向作用（$SV_3 = -11.4491$ 和 $SV_3 = -36.6103$），而城镇化对产业结构则存在显著的正向作用（$SV_2 = 1.1165$ 和 $SV_2 = 0.9469$）。此外，产业结构对碳排放强度也具有显著的正向影响（$SV_4 = 15.7704$ 和 $SV_4 = 45.1666$）。因此，存在城镇化（UR）→产业结构（SEC、TER）→碳排放强度（CI）的传导路径，且第二产业及第三产业的正向中介效应分别占总效应的 60.60% 和 53.88%。

6.4　本章小结

本章基于协整检验、格兰杰因果检验等实证方法首先研究了城镇化、经济发展、产业结构与碳排放的均衡关系。进一步地，为了综合分析城镇化、经济发展、产业结构对碳排放的时变影响，分别从两个方面进行了研究：第一，通过状态空间模型研究了城镇化、经济发展、产业结构对碳排放量及碳排放强度的时变作用；第二，运用中介效应模型分析经济发展和产业结构在城镇化影响碳排放路径中所起的中介作用。得到以下主要结论。

（1）从城镇化、经济发展、产业结构与碳排放均衡关系的研究中可以看出：第一，各变量均为一阶单整变量，且存在长期稳定均衡关系。第二，城镇化和第三产业发展均是碳排放量 CE 的单向格兰杰原因，而经济发展水平和第二产业占比与碳排放量 CE 互为格兰杰因果关系；UR 和 SEC 均是碳排放强度 CI 的单向格兰杰原因，GDP 则与 CI 间存在双向格兰杰关系。第三，城镇化、经济发展水平、产业结构及碳排放量之间的短期动态均衡以及城镇化与碳排放强度之间的短期均衡均存在反向修正机制，总体来看，它们的短期波动没有较大程度的偏离长期均衡趋势。第四，UR 对 CE 和 CI 的单位冲击在短期内的冲击效应均为正，长期的冲击效应均为负，碳排放量受到来自经济发展和产业结构的单位冲击后，均表现为长期稳定的正向效应；GDP 对 CI 的冲击短期为负，长期为正，SEC 对 CI 的冲击短期内为负，长期为正向冲击，而 TER 对 CI 的冲击长期内稳定为负值。第五，CE 的方差贡献率受到自身和 SEC 的影响较大，UR 影响次之，受到

GDP 的影响最小；*CI* 来自自身的贡献率最大，*SEC* 的贡献度次之，其次分别为 *TER* > *UR* > *GDP*。

（2）从城镇化、经济发展、产业结构对碳排放的时变作用研究发现：随着时间的变化，城镇化变动对碳排放的影响由短期的负向效应快速转变为长期的正向作用；经济发展水平对碳排放量始终表现为正向影响；而产业结构变动对碳排放的作用效应始终为负。此外，城镇化对碳排放强度具有正向影响；经济水平的提高对碳排放强度呈现出负向作用；短期内第二产业变动对碳排放强度具有负向影响，随着时间的变化，长期则具有正向影响；而第三产业对碳排放强度的影响由正向效应逐渐转变为负向效应。

（3）从经济发展水平和产业结构在城镇化影响碳排放的作用路径中可以看出：经济发展水平在城镇化影响碳排放量和碳排放强度的过程中均具有显著的正向中介效应，其中介效应占总效应的比例分别是 79.64% 和 54.99%；同样地，产业结构在城镇化影响碳排放量和碳排放强度的过程中也表现为显著的正向中介效应，其中第二产业的中介效应在城镇化影响碳排放量和碳排放强度的总效应中的占比分别为 62.22% 和 60.60%，第三产业的中介效应在城镇化影响碳排放量的路径中占总效应的比重为 71.25%，而在影响碳排放强度的总效应中的占比为 53.88%。

第 7 章

同尺度空间关联下长三角城镇化
发展对碳排放的作用路径及效应

随着新型城镇化战略的深入实施，中国的城镇化进入了快速发展的阶段。2013 年中国城镇化率达到 53.73%，接近世界平均水平，与发达国家 80% 的城镇化率相比仍有一定差距。城镇化的快速发展已经引起了越来越严重的生态问题。中国政府郑重承诺，到 2020 年，中国的碳排放量将比 2005 年低 40% ~45%。这也是中国作为一个负责任大国的责任。从城镇化角度研究碳排放不仅有利于中国经济、人口、资源和环境的协调发展，而且有利于科学制定碳减排政策和早日实现碳减排目标。因此，探索城镇化对碳排放的影响具有重要的理论和实践意义。

上一章时间序列建模假定地区间是相互独立且均质的个体空间，而地区间空间效应则可能导致模型设定与估算结果的偏误，故本章将运用考虑了单一尺度空间效应的空间统计与计量方法进行研究。另外，尺度问题是地理学研究中的核心问题之一，尺度不同所得到的信息详细程度也不同。所以，为更确切、完整、真实地揭示城市群的空间分布规律、城镇化发展对碳排放的作用机理，本章将先从尺度方差角度对省域、市域、县域三个空间尺度下碳排放的尺度效应进行分析，然后在最优尺度的基础上构建考虑了同尺度空间关联效应的空间计量模型，并结合运用中介效应检验方法，深入研究城镇化发展对碳排放量的作用路径及其效应，以期为长三角新型城镇化发展、碳减排目标的实现提供决策支持。

7.1　数据说明

数据来源于 2009 ~ 2016 年《中国统计年鉴》《中国能源统计年鉴》以及长三角各市统计年鉴。部分县（县级市）城镇化数据缺失，为保证统计口径上的一致，用年末非农业人口占总人口的比例表征城镇化水平；此外碳排放的测算方法与第 3 章中的核算方法一致，具体参考式（3 - 1）和表 3 - 1。具体选取的变量如表 7 - 1 所示。

表 7 - 1　　　　　　　　　　　　　变量解释

变量	含义
$\ln C_i$	$\ln C_1$；$\ln C_2$
$\ln Y$（total）	总效应回归方程
$\ln U$	中介效应回归方程
$\ln Y$	直接效应回归方程
$\ln Y$（1）	回归方程的总效应
$\ln Y$（2）	回归方程的直接效应
$\ln C_1$	第二产业比重
$\ln C_2$	第三产业比重
$\ln G$	经济发展水平

7.2　碳排放的尺度方差分解

方差的尺度分析可以定量分析该区域不同空间尺度的经济差异，以确定最佳空间尺度，它已被广泛应用于多空间尺度分析（Cushman，2002；Cai，2008）。本书采用尺度方差分解法研究长三角地区碳排放的尺度效应并确定最佳空间尺度。尺度方差分解法需要对研究区域进行不同尺度的空间层级划分，并按照一定的标准对不同尺度的研究单元进行层层嵌套。本书按照行政区划对长三角地区进行三级空间尺度划分并以县域尺度为最小空间尺度。区域嵌套按照省域尺度包含市域尺度，市域尺度包含县区尺度的标准进行，设省域、市域和县域三级空间尺度，区域内的尺度方差统计模型为：

$$X_{ijk} = \mu + \alpha_i + \beta_{ij} + \gamma_{ijk} \qquad (7-1)$$

其中，X_{ijk} 表示第 i 省第 j 市第 k 县的碳排放量，$\mu = \bar{X}$，$\alpha_i = \bar{X} - \bar{X}_i$，$\beta_{ij} = \bar{X}_{ij} - \bar{X}_i$，$\gamma_{ijk} = X_{ijk} - \bar{X}_{ij}$，其中 $\bar{X} = \dfrac{\sum_i \sum_j \sum_k X_{ijk}}{N}$，$\bar{X} = \dfrac{\sum_j \sum_k X_{ijk}}{n_i}$，$\bar{X}_{ij} = \dfrac{\sum_k X_{ijk}}{n_{ij}}$，$N$ 表示长三角所有县的数量，n_i 表示第 i 省内县的数量，n_{ij} 表示第 i 省 j 市内县的数量。不同空间尺度下的尺度方差组成如表 7-2 所示。

表 7-2　　　　　　　　不同空间尺度的尺度方差组成

尺度	自由度	尺度方差组成
α	$I-1$	$\dfrac{\sum_{i=1}^{I}(\bar{X}_i - \bar{X})^2}{I-1}$
β	$\sum_{i=1}^{I}(J_i - 1)$	$\dfrac{\sum_{i=1}^{I}\sum_{j=1}^{J}(\bar{X}_{ij} - \bar{X}_i)^2}{\sum_{i=1}^{I}(J_i - 1)}$
γ	$\sum_{i=1}^{I}\sum_{j=1}^{J}(K_{ij} - 1)$	$\dfrac{\sum_{i=1}^{I}\sum_{k=1}^{K}\sum_{j=1}^{J}(X_{ijk} - \bar{X}_{ij})^2}{\sum_{i=1}^{I}\sum_{j=1}^{J}(K_{ij} - 1)}$

根据表 7-2 的公式对不同空间尺度的碳排放进行分析。方差分析的结果如图 7-1 所示。尺度方差分析结果表明，2008~2015 年，县域尺度下，碳排放量所承载的信息量最大，其贡献率高于省域尺度和市域尺度，平均占到总体信息量的 50% 以上，省域及市域尺度的贡献基本维持在 23% 左右。

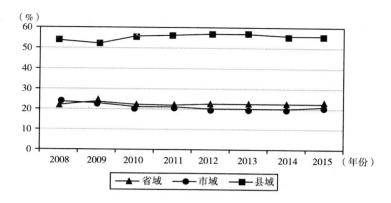

图 7-1　长三角不同空间尺度水平的尺度方差分解

从各级尺度变化的角度来看，与以往的研究一致（Wang，2010），县级尺度相对能够更客观、准确地刻画长三角的碳排放状况。因此，在此空间尺度上建立模型相对最优。

7.3　碳排放的空间相关性

地理距离邻近的区域间存在着经济环境或者地理环境的相似性，这些因素导致区域的碳排放量可能呈现一定的相关性即空间相关性。Moran's I 统计量是广泛应用于区域间经济变量空间相关性的衡量指标。

在测度区域空间相关性时，首先需要定义空间权重矩阵用以描述空间相邻关系。空间权重矩阵一般分为：邻接空间权重矩阵、地理距离空间权重矩阵和经济距离空间权重矩阵。地理距离空间权重矩阵中需要确定两点间的欧式距离，目前在中心点的确定上尚存在争议，因此本章在建模分析时不考虑地理距离空间权重矩阵。

邻接空间权重矩阵主要用来描述地区在地理上的接壤关系，是描述相对位置关系的一种重要的权重矩阵。本章采用一阶"车"相邻定义邻接空间权重矩阵，如式（7-2）所示。

$$W_{ij} = \begin{cases} 1, & \text{当区域 } i \text{ 和区域 } j \text{ 拥有共同边界} \\ 0, & \text{当区域 } i \text{ 和区域 } j \text{ 没有共同边界} \end{cases} \quad (7-2)$$

经济距离空间权重矩阵用来描述两个地区间经济发展水平的差异，是从经济角度来描述地区间绝对位置关系的一种权重矩阵，如式（7－3）所示。

$$W_{ij} = \begin{cases} \dfrac{1}{|Y_i - Y_j|}, i \neq j \\ 0, i = j \end{cases} \qquad (7-3)$$

其中，Y_i 表示区域 i 的经济发展水平，通常用 GDP 来衡量。本章采用消除通货膨胀因素的 2008～2015 年实际 GDP（以 2008 年为基期）的均值来表示。

根据表 7－3 的估计结果可以看出，与以往研究一致，长三角各城市碳排放存在空间效应（Tao，2016）。邻接空间权重矩阵下，长三角碳排放呈现负向的空间相关性，但在 10% 的显著性水平下，这种负向空间相关性并不显著。而经济距离空间权重矩阵下，长三角碳排放量在 5% 的显著性水平下呈现正向的空间相关性，表明经济发展水平相近地区的碳排放量具有空间关联性。由此可以判断，地理意义上的相邻关系并不是导致长三角碳排放量存在空间相关性的主要原因。这可能是因为不同市级单位利用行政命令手段布局产业，在市与市的交界处，往往存在一个碳排放量高的县挨着另一个碳排放量低的县，这种现象在江苏省尤为明显。出于保护本市环境的目的，部分市将高耗能、高污染的企业布局在本市冬季风下风向的县区，而对于相邻的市来说，该位置的县处于其中心城区的上风向，行政单位不会在此处布局高污染、高耗能企业，从而造成了地理上相邻地区碳排放量呈现负向空间相关性。这种负向空间相关性不显著的原因可能是在县域尺度下不同市区的行政边界已经趋向于模糊化。

表 7－3　　　　两种权重矩阵下长三角县域尺度碳排放量的莫兰值

年份	邻接空间权重矩阵	经济距离空间权重矩阵
2008	－0.009 [0.110]	0.014 *** [0]
2009	－0.009 [0.110]	0.014 *** [0]

续表

年份	邻接空间权重矩阵	经济距离空间权重矩阵
2010	-0.010 [0.150]	0.014 *** [0]
2011	-0.009 *** [0.008]	0.014 *** [0]
2012	-0.009 [0.131]	0.013 *** [0]
2013	-0.009 [0.160]	0.013 *** [0]
2014	-0.009 [0.160]	0.013 *** [0]
2015	0.003 [0.130]	0.013 *** [0]

注：[ ] 内为 p 值；*** 表示在 1% 的水平上统计显著。

长三角碳排放量在经济距离空间权重矩阵下呈现显著的正向空间相关性。这说明经济发展水平相近地区的碳排放量也接近。其中的原因是，经济发展水平相近的地区在城镇化进程、产业规划、经济发展规划等方面存在相互学习、相互影响的关系。

7.4 中介变量选择与模型构建

大多数学者（José et al., 2015；Jung et al., 2012；Budzianowski, 2013）经常使用两种基本概念模型来研究影响碳排放的因素：IPAT 模型和 KAYA 模型。

IPAT 模型是美国斯坦福大学的著名人口学家埃尔利希（Ehrlich）教授提出了一个关于环境负荷（I）与人口（P）、富裕度（A）和技术（T）三因素之间关系的恒等式：

$$I = P \times A \times T \qquad\qquad (7-4)$$

其中，I 表示经济发展对资源环境的压力，P 表示人口总量，A 表示人均资源消耗程度或消费水平（可用人均 GDP 来表示），T 表示提供消费品的各种技术对环境的破坏程度，也称为环境效率，用物质量表示。

KAYA 恒等式将碳排放分解为四个影响因素，表达公式如下：

$$C = P \times \left(\frac{G}{P} \right) \times \left(\frac{E}{G} \right) \times \left(\frac{C}{E} \right) \qquad (7-5)$$

其中，P 代表人口规模，G 代表国民生产总值（GDP），E 代表能源消费，G/P 代表人均 GDP，E/G 代表能源消费强度，C/E 代表能源消费碳强度。

参考这两个概念模型，基于经济学基本原理及前人研究结论（Hu et al.，2015；Wu，2015），本章提炼出城镇化对于碳排放的理论作用路径。

（1）城镇化→第二产业占比→碳排放；

（2）城镇化→第三产业占比→碳排放；

（3）第二产业占比→城镇化→碳排放；

（4）第三产业占比→城镇化→碳排放；

（5）城镇化→经济发展水平→碳排放；

（6）经济发展水平→城镇化→碳排放；

（7）城镇化→社会就业水平→经济发展水平→碳排放。

STIRPAT 模型是分解碳排放量的基础模型，具体形式如式（7-6）所示。

$$I_i = a p_i^b A_i^c T_i^d e \qquad (7-6)$$

其中，e 表示随机误差项。通过对公式（7-6）左右两端取自然对数可以将方程转化为线性模式，从而方便模型的估计以及其他影响因素的加入，本章将在 STIRPAT 模型基础上探讨各种因素对于碳排放的作用机理。

根据前面分析，碳排放在经济距离空间权重矩阵下具有正向空间相关性，因此在构建实证模型时应该考虑地区间的空间关联性。基于此，以 STIRPAT 模型为基础建立了兼备时间效应及空间效应的空间面板模型。模型具体形式如式（7-7）所示。

$$\begin{cases} Y_{it} = \alpha_i + \rho \sum_{j=1}^{n} W_{ij} Y_{jt} + \beta X_{it} + \varphi \sum_{j=1}^{N} W_{ij} X_{jt} + U_i \\ U_i = \lambda W \mu_i + \varepsilon_i \end{cases} \quad (7-7)$$

其中，i、j 表示不同的地区；W_{ij} 表示经济距离空间权重矩阵；X_{it} 表示自变量向量；Y_{it} 表示碳排放量；β 为自变量回归系数向量；ρ 为因变量空间回归系数；φ 为自变量空间回归系数；λ 为空间误差回归系数。

如果 $\rho \neq 0$，$\varphi = 0$，则式（7-7）为衡量相邻地区碳排放量对本地区碳排放量影响的空间滞后面板数据模型（SLPDM）；如果 $\lambda \neq 0$，$\rho = 0$，则式（7-7）为反映了某一地区除自变量外其他未纳入考虑的因素对邻近地区碳排放量影响的空间误差面板数据模型（SEPDM）；如果 $\rho \neq 0$，$\varphi = 0$，$\lambda = 0$，则式（7-7）为既测度了相邻地区碳排放量又考虑相邻地区自变量对本地区碳排放量影响的空间杜宾面板数据模型（SDPDM）。

在研究过程中，一般通过 LR 和 Wald 检验来判断采用何种形式的空间面板模型。具体检验步骤为：（1）建立空间杜宾面板数据模型（SDPDM）并进行估计；（2）提出两个原假设，H_0^1：空间杜宾面板数据模型可以简化为空间滞后面板数据模型（SLPDM）；H_0^2：空间杜宾面板模型可以简化为空间误差面板数据模型（SEPDM）；（3）测算两个假设的显著性水平，如果两个假设同时被拒绝则应当建立空间杜宾面板数据模型。

首先对模型进行 LR、Wald 及 Hausman 检验，检验结果如表 7-4 所示。

表 7-4　　空间面板数据模型的 LR、Wald、Hausman 检验结果

检验类型	统计量	统计值
LR 检验	Spatial lag	8.716 *** [0]
	Spatial error	40.613 *** [0]

续表

检验类型	统计量	统计值
Wald 检验	Spatial lag	9.409 *** [0]
	Spatial error	87.116 *** [0]
Hausman 检验		39.529 *** [0]

注：[ ] 内为 P 值；*** 表示在1%的水平上统计显著。

由表 7-4 的检验结果可知，在 1% 的显著性水平下均拒绝了 LR、Wald 及 Hausman 检验的原假设，说明应当采用固定效应的空间杜宾面板数据模型进行建模分析。

中介效应检验方法广泛地应用于心理学领域，可以分析变量之间的影响及传导机制，所以近年来也逐渐在医学、经济学、管理学等领域得到了较为广泛的应用。

设自变量为 X、中介变量为 M、因变量为 Y。分别构建如下的检验模型：

$$\ln Y_{it} = cX_{it} + \alpha W \times X_{it} + \beta \ln Y_{it} + e_1 \qquad (7-8)$$

$$\ln M_{it} = aX_{it} + \eta W \times X_{it} + \delta \ln M_{it} + e_2 \qquad (7-9)$$

$$\ln Y_{it} = c'X_{it} + bM_{it} + \gamma W \times X_{it} + \zeta W \times \ln M_{it} + e_3 \qquad (7-10)$$

其中，Y_{it} 表示碳排放量，X_{it} 表示自变量向量，即 $X_{it} = [\ln(P_{it}), \ln(U_{it}), \ln(G_{it}), \ln(T_{it})\cdots]$，$e_1$、$e_2$、$e_3$ 表示回归残差项。c 表示总效应，a、b 表示中介效应，c' 表示直接效应。

本章采用逐步回归法来检验中介效应，检验步骤为：（1）检验系数 c 是否显著，若显著则进行下一步；（2）依次检验系数 a、b 是否显著，若都显著则检验系数 c'；若至少有一个不显著则做 Sobel 检验，若显著则说明中介效应显著，不显著则说明中介效应不显著；（3）检验系数 c'，若其显著则说明存在部分中介效应，不显著则说明存在完全中介效应。

7.5　城镇化对碳排放的并行作用路径

7.5.1　城镇化对碳排放的总效应与直接效应

由表 7 - 5 列 1、列 4、列 7 的估计结果可知，城镇化水平（$\ln U$）系数均在 5% 的显著性水平统计显著，说明 $\ln U$ 对碳排放量（$\ln Y$）的总效应显著。由列 3、列 6、列 9 估计结果可知，$\ln U$ 系数均在 5% 的显著性水平统计显著，说明 $\ln U$ 对 $\ln Y$ 的直接效应显著。且 $\ln U$ 对 $\ln Y$ 均有正向影响，这与以往研究不同（Cushman et al.，2002；Huo，2017），说明城镇化对碳排放的规模效应尚未显现，这主要是因为：一方面，长三角整体城镇化发展仍处于城镇化发展的初级阶段，城市群内大规模的基础设施建设与住房建设产生了大量的能源消耗；另一方面，城市地区路面硬化率较高、植被稀少，"碳汇效应"较低。

表 7 - 5　　　　城镇化→中介变量→碳排放作用路径检验结果

变量	城镇化（$\ln U$）→第二产业占比（$\ln C_1$）→碳排放（$\ln Y$）			城镇化（$\ln U$）→第三产业占比（$\ln C_2$）→碳排放（$\ln Y$）			城镇化（$\ln U$）→经济发展水平（$\ln G$）→碳排放（$\ln Y$）		
	$\ln Y$（总）	$\ln C_1$	$\ln Y$	$\ln Y$（总）	$\ln C_2$	$\ln Y$	$\ln Y$（总）	$\ln G$	$\ln Y$
	列 1	列 2	列 3	列 4	列 5	列 6	列 7	列 8	列 9
$\ln G$	0.085 *** [0]	0.072 *** [0]	0.071 *** [0]	0.085 *** [0]	0.208 [0.545]	0.087 *** [0]			0.085 *** [0]
$\ln P$	0.820 *** [0]		0.793 *** [0]	0.820 *** [0]		0.786 *** [0]	0.881 *** [0]		0.820 *** [0]
$\ln T$	0.828 *** [0]		0.805 *** [0]	0.828 *** [0]		0.819 *** [0]	0.757 *** [0]		0.828 *** [0]
$\ln U$	0.044 ** [0.014]	0.035 *** [0.001]	0.071 *** [0]	0.044 ** [0.014]	0.028 ** [0.014]	0.056 *** [0.002]	0.167 *** [0]	0.959 ** [0.014]	0.044 ** [0.014]
$\ln C_i$			0.175 *** [0]			0.013 ** [0.038]			

续表

变量	城镇化（lnU）→第二产业占比（lnC₁）→碳排放（lnY）			城镇化（lnU）→第三产业占比（lnC₂）→碳排放（lnY）			城镇化（lnU）→经济发展水平（lnG）→碳排放（lnY）		
	$\ln Y$（总）	$\ln C_1$	$\ln Y$	$\ln Y$（总）	$\ln C_2$	$\ln Y$	$\ln Y$（总）	$\ln G$	$\ln Y$
	列1	列2	列3	列4	列5	列6	列7	列8	列9
$W \times \ln Y$	0.413 *** [0]		0.641 *** [0]	0.413 *** [0]		0.363 *** [0]	0.623 *** [0]		0.413 *** [0]
$W \times \ln G$		0.175 *** [0]	0.188 ** [0.031]		0.119 *** [0]	0.012 [0.452]	0.063 *** [0]		0.012 [0.452]
$W \times \ln P$		0.002 [0.991]			0.002 [0.991]		−0.456*** [0]		0.002 [0.991]
$W \times \ln T$			−0.105 ** [0.013]			−0.105 ** [0.013]	−0.323*** [0]		−0.105 ** [0.013]
$W \times \ln U$	−0.088 * [0.079]	−0.025 [0.536]	0.113 *** [0.004]	−0.088 * [0.079]	0.048 [0.169]	−0.129*** [0.006]	0.123 *** [0]	0.048 [0.169]	−0.088 * [0.079]
$W \times \ln C_i$		0.175 *** [0]	−0.188 ** [0.031]		0.125 ** [0.022]	0.308 *** [0.007]			
R^2	99.66%	87.85%	99.67%	99.66%	94.58%	99.61%	99.57%	94.58%	99.66%

注：〔 〕内为 P 值；*、**、*** 分别表示在 10%、5%、1% 的水平上统计显著；$\ln C_i$ 指 $\ln C_1$ 或 $\ln C_2$；$\ln Y$（总）表示总效应回归方程，$\ln C_i$、$\ln G$ 表示中介效应回归方程，$\ln Y$ 表示直接效应回归方程。

7.5.2　城镇化对第二、第三产业占比及经济发展水平的影响

根据表 7 – 5 列 2、列 5、列 8 结果，城镇化水平（$\ln U$）对于第二产业占比（$\ln C_1$）和第三产业占比（$\ln C_2$）的偏回归系数分别为 0.035 和 0.028 且均在 5% 的显著性水平下统计显著（列 2 和列 5），城镇化水平（$\ln U$）每提高 1%，将会促进第二产业占比（$\ln C_1$）、第三产业的占比（$\ln C_2$）分别提高 0.035% 和 0.028%，表明城镇化的发展促进了第二、第三产业的发展。此外，长三角地区城镇化对第二产业的促进作用大于其对第三产业的促进作用，因此，在城镇化的推进过程中应当优化产业结构，扩大城镇化第三产业发展的促进作用。当下，虽然长三角地区城镇化对于

第三产业的带动作用已经凸显，但水平还有待于进一步提高。

从列 8 可以看出，城镇化水平（lnU）对于经济发展（lnG）的偏回归系数为 0.959 且在 5% 的显著性水平下统计显著，说明城镇化水平的提高将促进经济的发展。

7.5.3　中介效应检验

根据表 7 - 5 中列 1 ~ 列 9 的估计结果，lnU 的系数在 5% 的显著性水平下均统计显著，说明 lnC_1、lnC_2、lnG 均为显著的中介变量，具有部分中介效应。说明存在城镇化通过影响经济发展水平及第二、第三产业占比从而影响碳排放量的显著的作用路径。

根据上述分析，图 7 - 2 能更直观地显示出城镇化通过第二产业占比、第三产业占比和经济发展水平这三个中介变量影响碳排放的作用路径。其中，" + "代表正向促进效应，" - "表示负向影响。

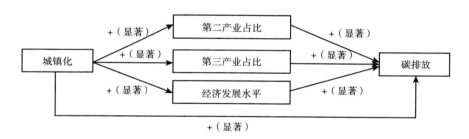

图 7 - 2　城镇化→中介变量→碳排放的作用路径

资料来源：笔者整理。

7.6　城镇化的中介效应

7.6.1　第二、第三产业和经济发展水平对碳排放的影响

由表 7 - 6 列 1 可知，第二产业占比（lnC_1）对碳排放量（lnY）具有

不显著的负向作用，在该种情况下无需进行后续分析。由表 7 - 6 列 4 可知，第三产业占比（$\ln C_2$）对碳排放量（$\ln Y$）呈现显著的正向相关关系（0.099）。因此，与以往研究一致，产业结构会对区域碳排放产生影响（Yang et al，2016），且第三产业占比（$\ln C_2$）对碳排放量（$\ln Y$）呈现显著的正向影响。一般来说，第二产业的碳排放量高于第三产业的碳排放量，因此在碳排放量相对稳定的情况下，第二产业占比越高碳排放量也就越高，第三产业占比越高，碳排放水平就会相对越低。因此，为了降低碳排放量、实现区域经济的低碳发展，上海、江苏、浙江三省份一方面应适当降低第二产业占比，提高第三产业占比，积极推进产业结构的优化与升级，另一方面应该加大对第二产业环境治理的投入力度，如督促高耗能企业购买节能环保装置等。

表 7 - 6　　　　　　相关变量→城镇化→碳排放作用路径检验结果

变量	第二产业占比→城镇化→碳排放			第三产业占比→城镇化→碳排放			经济发展水平→城镇化→碳排放		
	$\ln Y$（总）	$\ln U$	$\ln Y$	$\ln Y$（总）	$\ln U$	$\ln Y$	$\ln Y$（总）	$\ln U$	$\ln Y$
	列 1	列 2	列 3	列 4	列 5	列 6	列 7	列 8	列 9
$\ln C_i$	-0.285 [0.159]			0.099* [0.069]	-1.700 [0.728]	1.482** [0.022]			
$\ln G$	1.867*** [0.001]			1.728*** [0.001]	-5.437*** [0]	1.762*** [0.005]	0.847*** [0]	0.074*** [0]	0.828*** [0]
$\ln T$	0.752** [0.048]			0.718** [0.049]		0.768** [0.025]	0.084*** [0]		0.085*** [0]
$\ln P$	3.478*** [0.001]			3.041** [0.016]		3.556*** [0.002]	0.814*** [0]		0.821*** [0]
$\ln U$					0.033 [0.608]		0.167*** [0]		0.622*** [0]
$W \times \ln Y$	0.268** [0.035]			0.448** [0.044]		0.441** [0.046]	0.401*** [0]		0.385*** [0]
$W \times \ln C_i$	-1.585 [0.286]			3.216 [0.105]	0.012 [0.452]				
$W \times \ln G$	0.617** [0.030]			0.017 [0.391]	-0.105** [0.013]		0.012 [0.442]	0.013 [0.652]	0.016 [0.307]

续表

变量	第二产业占比→城镇化→碳排放			第三产业占比→城镇化→碳排放			经济发展水平→城镇化→碳排放		
	lnY（总）	lnU	lnY	lnY（总）	lnU	lnY	lnY（总）	lnU	lnY
	列1	列2	列3	列4	列5	列6	列7	列8	列9
$W \times \ln T$	2.069 [0.131]					0.002 [0.991]	-0.323*** [0]		-0.266*** [0]
$W \times \ln P$	-0.456*** [0]					-0.002 [0.116]	-0.456*** [0]		0.002 [0.991]
$W \times \ln U$				0.099* [0.069]	-1.700 [0.728]	1.482** [0.022]		0.135*** [0]	-0.087* [0.062]
R²	97.76%			99.43%	81.03%	99.12%	99.46%	96.95%	99%

注：［ ］内为 P 值；＊、＊＊、＊＊＊分别表示在10%、5%、1%的水平上统计显著；$\ln C_i$ 指 $\ln C_1$ 或 $\ln C_2$；$\ln Y$（总）表示总效应回归方程，$\ln U$ 表示中介效应回归方程，$\ln Y$ 表示直接效应回归方程；列1中由于 $\ln C_1$ 对 $\ln Y$ 的回归系数值（-0.285）统计不显著，所以不符合后续中介效应检验的条件，故列2、列3结果无须给出。

　　由表7-6列7可知，经济发展水平（lnG）对碳排放量（lnY）在1%的显著性水平下呈现正向关系，经济发展水平（lnG）每提高1%，碳排放量（lnY）将提高0.847%，经济的发展将会增加碳排放。

7.6.2　第二、第三产业和经济发展水平对城镇化的影响

　　从表7-6中列5的估算结果可以看出，第三产业（$\ln C_2$）对城市化水平（lnU）上的回归系数为-1.700但不显著。根据表7-6中列8结果可知，经济发展水平（lnG）对于城镇化水平（lnU）的偏回归系数为0.074且在1%的显著性水平下显著，表明经济发展水平（lnG）能够显著地促进区域城镇化水平（lnU）与碳排放量（lnY）的提高。

7.6.3　城镇化的中介效应检验

　　根据表7-6中列5和列6结果可知，$\ln C_2$ 的系数（-1.700）和 lnU 的系数（0.033）均不显著，故进行 Sobel 检验，由于 $z = \dfrac{\hat{a}\hat{b}}{S_{\hat{ab}}} = -0.0118$，

$S_{\hat{ab}} = \sqrt{\hat{a}^2 S^2_{\hat{a}} + b^2 \hat{S}^2_{\hat{b}}} = 4.757$，统计不显著，故在第三产业占比（$\ln C_2$）通过作用于城镇化（$\ln U$）进而影响碳排放量（$\ln Y$）的作用路径中，城镇化的中介效应不显著。另外，由于表 7 - 6 列 7 ~ 列 9 中相关的系数均统计显著，说明存在 $\ln G$ 通过作用于 $\ln U$ 从而影响 $\ln Y$ 的正向作用路径，城镇化的中介效应占总效应的 54%。

根据上述分析，图 7 - 3 可以更直观地显示出对应的作用路径。其中，"＋"代表正向促进效应，"－"表示负向影响。

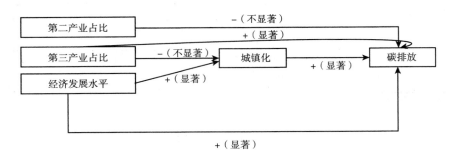

图 7 - 3　相关变量→城镇化→碳排放作用路径

资料来源：笔者整理。

7.7　城镇化对碳排放的链式作用路径

通过表 7 - 7 列 4 的结果可以看出，在显著性水平为 1% 的情况下，城镇化（$\ln U$）和人口数量（$\ln P$）有效地促进了区域内经济发展水平（$\ln G$）的提高，其弹性系数分别为 0.243 和 0.362。通过观察列 5 可知，在显著性水平为 10% 的情况下，社会就业水平（$\ln S$）对区域经济发展（$\ln G$）有显著的正向促进作用，其弹性系数为 0.098。观察列 6 可知，在显著性水平为 1% 的情况下，城镇化（$\ln U$）显著地促进了社会就业水平（$\ln S$）。观察列 3 可知，将社会就业水平（$\ln S$）纳入模型回归后发现，在显著性水平为 10% 的情况下，$\ln S$ 对 $\ln Y$ 的系数为正值 0.006 但并不显著。因此，城镇化（lnU）→社会就业水平（lnS）→经济发展水平（lnG）→碳排放（lnY）的链式中介效应不显著。

表 7 - 7　城镇化（**lnU**）→社会就业水平（**lnS**）→经济发展水平（**lnG**）→碳排放（**lnY**）的链式中介效应检验结果

变量	lnY（1）	lnY（2）	lnY（3）	lnG（1）	lnG（2）	lnS
	列 1	列 2	列 3	列 4	列 5	列 6
lnG			0.084 *** [0]			
lnP	0.899 *** [0]	0.899 *** [0]	0.819 *** [0]	0.362 *** [0]	0.354 *** [0]	0.083 [0.467]
lnU	0.038 * [0.060]	0.034 * [0.089]	0.042 ** [0.021]	0.243 *** [0]	0.219 *** [0.002]	0.427 *** [0]
lnT	0.781 *** [0]	0.052 ** [0.048]	0.827 *** [0]	0.657 *** [0]	0.664 *** [0]	
lnS		0.011 [0.247]	0.006 [0.494]		0.098 * [0.054]	
$W \times \ln G$			0.015 [0.323]	0.341 *** [0]	0.332 *** [0]	
$W \times \ln P$	0.569 *** [0.003]	0.578 *** [0.003]	0.374 ** [0.024]	0.451 *** [0]	0.489 *** [0]	- 0.490 [0.441]
$W \times \ln U$	- 0.066 [0.237]	- 0.070 [0.215]	- 0.085 * [0.093]	0.447 *** [0]	0.531 *** [0]	0.304 * [0.050]
$W \times \ln T$	- 0.436 *** [0]	- 0.427 *** [0]	- 0.266 *** [0]	0.391 *** [0]	0.384 *** [0]	
$W \times \ln S$		0.0147 [0.462]	- 0.005 [0.778]		0.162 [0.113]	0.044 [0.444]
$W \times \ln Y$	0.513 *** [0]	0.503 *** [0]	0.414 *** [0]			
R^2	99.58%	99.68%	99.66%	96.75%	97.72%	71.92%

注：［ ］内为 P 值；* 、** 、*** 分别表示在 10% 、5% 、1% 的水平上统计显著。lnY（1）表示总效应回归方程，lnY（2）表示直接效应回归方程，其余均表示中介效应回归方程。

7.8 本章小结

本章运用探索性数据分析、空间计量模型、中介效应检验方法、尺度方差分解模型研究了各个影响因素对于碳排放的作用机理及影响路径。通过研究得出以下结论。

（1）运用尺度方差分解模型分析结果表明，县域尺度下为相对最优尺度，在此基础上构建的模型更加能够反映出长三角地区城镇化及中介变量对碳排放的影响。

（2）经济距离空间权重矩阵下，长三角地区的碳排放量具有正向空间相关性。在一些城市，在引进高能耗企业时存在"以邻为壑"的现象。

（3）城镇化的发展显著地增加了城市的碳排放量，城市群内城镇化对环境的规模效应尚未出现。

（4）存在城镇化通过影响第二、第三产业占比和经济发展水平从而影响碳排放量的作用路径，其中第二、第三产业占比和经济发展水平均发挥显著的正向中介效应；在城镇化的中介效应分析中，第二产业占比→城镇化→碳排放的作用路径不显著；在第三产业占比→城镇化→碳排放的作用路径中，城镇化的中介效应不显著；存在显著的经济发展水平→城镇化→碳排放的作用路径，其中城镇化的中介效应占总效应的54%。

（5）城市化率的提高为社会提供了更多的就业机会，社会就业水平的提升促进了区域经济的发展。但社会就业水平对碳排放具有非显著的正向影响，故不存在城镇化水平→社会就业水平→经济发展水平→碳排放量的链式作用路径。

第 *8* 章

纵向多尺度关联下长三角城镇化发展对碳排放的作用路径及效应

城市的人类活动是全球温室气体的第一大排放源，城市是导致和解决全球气候变化的关键。全球城市仅占地球面积的 2%，却消耗了全球 60% 左右的能源，产生了全球 70% 以上的人为二氧化碳排放，因此，城镇化可以说是可能影响碳排放的最根本、潜在影响最大的因素。中国各省市地区的城镇化发展情况复杂，存在明显的差异。不同地区的发展或城镇化进程对碳排放影响不同；省际城镇化发展质量指数差异明显，从东部、中部、西部依次降低，城镇化发展质量也各不相同；各省市城镇化的空间格局表现为高值集聚性，各个区域城市群形成了京津冀、长三角和珠三角等综合城镇化水平的高值集聚区，城镇化对碳排放的影响作用也大不相同。这主要与中国现行行政管理的空间嵌套结构有关，县区嵌套于市、市嵌套于省。不同层级间是垂直管理的，也就是说低尺度行政区划单位的经济社会发展等肯定是要受到高尺度行政区划单位的约束与管理，而高尺度地区的发展水平、状态、特征等也会对低尺度地区产生影响。对于城市群而言更是如此，城市群为非行政区划单位，群内地区必然要接受对应上级行政机构的管理。所以，为充分反映区域结构中存在的这种分层嵌套结构关系，需要进行多尺度建模分析。基于此，本章将利用大长三角地区的面板数据构建分层线性模型（HLM），考虑高尺度地区因子，同时结合中介效应检验方法，研究城镇化发展对碳排放的影响及其作用路径，为实现碳减排目标提供理论依据。

8.1 数据说明

　　本书选择经济社会发展的基本单元即县域空间作为研究的空间尺度，原因是：一方面，县域作为城乡联系枢纽，其发展水平决定了农村富余劳动力的转移倾向和流动方向，这对于推进整体城镇化进程、避免半城镇化现象具有重要意义；另一方面，因为空间尺度越大数据越粗糙，不确定性越强。

　　研究数据的选取范围为 2008～2016 年长三角地区的 112 个区县以及 25 个市的面板数据，所有的数据均来源于 2009～2017 年《中国统计年鉴》《中国能源统计年鉴》以及长三角各市统计年鉴。选取变量的具体含义如表 8-1 所示。

表 8-1　　　　　　　　　　　　变量的定义和符号

		变量	定义	符号
被解释变量		碳排放量（万吨）		*CAR*
		碳排放强度（万吨/亿元）	碳排放量/GDP	*CI*
解释变量	总效应指标	城镇化水平（%）	城镇化人口/常住人口	*U*
中介变量	生产方面	第二产业比重（%）	第二产业产值/GDP	*SEC*
		第三产业比重（%）	第三产业产值/GDP	*THI*
		经济发展水平	GDP（亿元）	*GDP*
	生活方面	人口规模	万人	*POPU*
		就业人口水平（%）	年末就业人数/常住人	*EMPL*
		对外贸易水平（%）	对外出口总值/GDP	*EXI*
	技术水平	能源强度（吨标准煤/万元）	能源消费量/GDP	*ENER*
		专利申请量（万件）		*PATE*
层二变量		低碳试点城市		*Lowcarbon*

8.2 HLM 模型的构建

　　分层线性模型（HLM）的提出解决了现行的行政管理体系是垂直管

理、县市间具有典型的分层嵌套结构特征的问题（Rui et al.，2016；Dietz and Rosa，1997）。根据研究目的，本书选择两层线性模型对城镇化与碳排放量（碳排放强度）作用关系进行研究。

对于一般的两层 HLM 模型，它的形式设定如下所示。

层一：

$$Y_{ij} = \beta_{0j} + \beta_{1j}X_{ij} + \varepsilon_{ij} \tag{8-1}$$

层二：

$$\beta_{ij} = \gamma_{00} + \mu_{0j} \tag{8-2}$$

$$\beta_{1j} = \gamma_{10} + \gamma_{20}Z_i + \mu_{1j} \tag{8-3}$$

其中，Y_{ij} 表示因变量，X_{ij} 表示自变量，Z_i 为高尺度因子变量，ε_{ij} 表示水平 1 的随机误差，μ_{0j} 和 μ_{1j} 表示水平 2 的随机误差。

直观上看，两层 HLM 模型是通过以下两个步骤进行估计：第一步，用回归模型估计出第一水平的回归系数；第二步，将水平 1 回归系数看作某些水平 2 变量（即高尺度因子）的函数。在多层模型计算机程序和软件出现之前，多层数据往往通过这种两步法进行分析处理，但实际上这种分析方法是不可取的，主要问题是两步法将各个组看作是不相干的，而忽略了这些组是从一个大的总体中抽取出来，具有嵌套性。

与上述两步法不同，在 HLM 实际估计过程中，分层线性模型两个水平的参数估计过程是同时进行的。故实际 HLM 模型的估计表达式如式（8-4）所示。

综合模型：

$$Y_{ij} = \gamma_{00} + \gamma_{10}X_{ij} + \gamma_{20}Z_iX_{ij} + \mu_{0j} + \mu_{1j}X_{ij} + \varepsilon_{ij} \tag{8-4}$$

式（8-4）的估计结果由两部分组成：第一部分是 $\gamma_{00} + \gamma_{10}X_{ij} + \gamma_{20}Z_iX_{ij}$，即是分层线性模型对这些斜率差异的解释，故这部分也称为固定效应部分；第二部分是由误差项组成，即 $\mu_{0j} + \mu_{1j}X_{ij} + \varepsilon_{ij}$，可以直观表示为水平 1 的观察值共同分享非解释性水平 2 随机变异，从而说明观测值间互不独立，同时这一部分还能表明第一层变量在第二层变量上的差异，如果某一系数的信度系数比较小，没通过显著性检验，在进一步的分析中就可以把它设定为没有随机成分的固定参数，比如在式（8-3）中 β_{1j} 的随机部分在5%的水平下通不过检验，那么对应在水平2中，β_{1j} 的设定模型为 $\beta_{1j} = \gamma_{10} + \gamma_{20}Z_i$，因此这一部分也称为随机效应部分。

8.3 HLM 中介效应检验模型的构建

考虑到本书数据特征及研究目的，在这一部分将构建两层的中介效应模型，从而检验自变量城镇化水平对总变量碳排放量（或碳排放强度）的作用路径，且由于本书的自变量与因变量都在第一个层次，但低碳试点城市变量在第二层次，其构建思路来自 HLM 模型的两层基本构建方法（王济川等，2008）。

其中，第一层次主要包含自变量城镇化、需要检验的中介变量，以研究县级层次下城镇化对总变量碳排放量（或碳排放强度）的作用效应；第二层次中加入市域的特征变量，如高尺度地区因子——低碳试点城市，以及需要验证的中介变量，以此来研究城镇化对于碳排放量（或碳排放强度）的间接效应。具体步骤如下所述。

（1）零模型。

零模型又称为空模型，主要用于分解解释变量中的组间效应与组内效应，也就是方差成分分析。在这个模型中，第一层与第二层模型中均不加入任何自变量或者中介变量，直接建立零模型，是建立其他多层模型的前提和基础。

层一：

$$Y_{ij} = \beta_{0j} + \varepsilon_{ij} \qquad (8-5)$$

层二：

$$\beta_{0j} = \gamma_{00} + \mu_{0j} \qquad (8-6)$$

综合模型：

$$Y_{ij} = \gamma_{00} + \mu_{0j} + \varepsilon_{ij} \qquad (8-7)$$

本书数据是长三角地区 2008 ~ 2016 年共 9 年的面板数据，所以在 HLM 模型中要考虑时间影响。时间变量记为 T，考察从面板数据的角度分析是否有分层的必要。

同样地，首先进行零模型检验。

层一：

$$Y_{ij} = \beta_{1j} T_{ij} + \varepsilon_{ij} \qquad (8-8)$$

层二：

$$\beta_{0j} = \gamma_{00} + \mu_{0j} \qquad (8-9)$$

$$\beta_{1j} = \gamma_{10} + \mu_{1j} \qquad (8-10)$$

综合模型：

$$Y_{ij} = \gamma_{00} + \gamma_{10} T_{ij} + \mu_{0j} + \mu_{1j} T_{ij} + \varepsilon_{ij} \qquad (8-11)$$

（2）自变量 X_{ij} 对因变量 Y_{ij} 的直接效应 c 的检验。

这里假设自变量 X_{ij} 对因变量 Y_{ij} 的直接效应为 c。其中，第一层方差与第二层方差之和为总方差，通过计算第二层方差所占总方差的比值，也就是跨层级相关系数，可以确定总变量受到第二层变量的影响比例，从而确定是否能够建立多层模型。此方法与多层线性模型的验证步骤一样。

自变量 X_{ij} 对因变量 Y_{ij} 的直接效应 c 由两部分构成，一部分是自变量 X_{ij} 对因变量 Y_{ij} 组内差异的直接效应 γ_{20}^{c1}，另一部分是由市级层面低碳试点城市 Z_j 影响自变量 X_{ij} 对因变量 Y_{ij} 产生的直接效应 γ_{21}^{c2}。具体检验过程就是执行下列方程式。

层一：

$$Y_{ij} = \beta_{0j} + \beta_{1j} T_{ij} + \beta_{2j} X_{ij} + \varepsilon_{ij} \qquad (8-12)$$

层二：

$$\beta_{0j} = \gamma_{00} + \mu_{0j} \qquad (8-13)$$

$$\beta_{1j} = \gamma_{10} + \mu_{1j} \qquad (8-14)$$

$$\beta_{2j} = \gamma_{20}^{c1} + \gamma_{21}^{c2}Z_j + \mu_{2j} \qquad (8-15)$$

综合模型：

$$Y_{ij} = \gamma_{00} + \gamma_{10}T_{ij} + \gamma_{20}^{c1}X_{ij} + \gamma_{21}^{c2}Z_{ij}X_{ij} + \mu_{0j} + \mu_{1j}T_{ij} + \mu_{2j}X_{ij} + \varepsilon_{ij}$$
$$(8-16)$$

（3）自变量 X_{ij} 对中介变量 M_{ij} 的直接效应 a 的检验。

关于自变量 X_{ij} 对于中介变量的直接效应检验，首先假设中介变量为 M_{ij}，自变量对中介变量所产生的直接效应为 a。自变量 X_{ij} 通过中介效应 M_{ij} 对因变量 Y_{ij} 产生间接作用，而对于中介变量产生的也就是直接效应，与上面步骤（2）的思路一致，在这里将中介变量设定为因变量。考虑到第二层次中的情境变量，这里自变量对中介变量 M_{ij} 的直接效应 a 同样由两个部分组成。其中，第一部分是自变量 X_{ij} 对因变量中介变量 M_{ij} 产生组内差异的直接效应 γ_{20}^{a2}，第二部分是由高尺度因子低碳试点城市 Z_j 影响自变量 X_{ij} 对中介变量 M_{ij} 产生的直接效应 γ_{21}^{a2}。具体的检验过程是执行下列方程式。

层一：

$$M_{ij} = \beta_{0j} + \beta_{1j}T_{ij} + \beta_{2j}X_{ij} + \varepsilon_{ij} \qquad (8-17)$$

层二：

$$\beta_{0j} = \gamma_{00} + \mu_{0j} \qquad (8-18)$$

$$\beta_{1j} = \gamma_{10} + \mu_{1j} \qquad (8-19)$$

$$\beta_{2j} = \gamma_{20}^{a1} + \gamma_{21}^{a2}Z_j + \mu_{2j} \qquad (8-20)$$

综合模型：

$$M_{ij} = \gamma_{00} + \gamma_{10}T_{ij} + \gamma_{20}^{a1}X_{ij} + \gamma_{21}^{a2}Z_{ij}X_{ij} + \mu_{0j} + \mu_{1j}T_{ij} + \mu_{2j}X_{ij} + \varepsilon_{ij}$$
$$(8-21)$$

（4）自变量 X_{ij} 和中介变量 M_{ij} 同时对因变量 Y_{ij} 作用的效应 c' 和 b 的检验。

自变量 X_{ij} 和中介变量 M_{ij} 同时对因变量 Y_{ij} 作用，也就是研究自变量

X_{ij} 和中介变量 M_{ij} 对于因变量 Y_{ij} 的直接效应，即研究自变量 X_{ij} 和中介变量 M_{ij} 共同作用于因变量 Y_{ij} 的效应。假设自变量 X_{ij} 对因变量 Y_{ij} 产生的直接作用为 c'，中介变量 M_{ij} 对于因变量 Y_{ij} 产生的直接作用为 b。从县域尺度来说，在考虑了高尺度因子变量后，它们对于因变量 Y_{ij} 所产生的直接作用均含有两部分。其中，自变量 X_{ij} 对于因变量 Y_{ij} 的直接作用包含以下两个部分：第一部分是由自变量 X_{ij} 对因变量 Y_{ij} 产生组内差异的直接效应 $\gamma_{20}^{c'1}$；第二部分是由低碳试点城市变量影响自变量 X_{ij} 的组间差异对因变量 Y_{ij} 产生的直接效应 $\gamma_{21}^{c'2}$。同样，中介变量 M_{ij} 对于因变量 Y_{ij} 的直接作用同样由两部分组成：第一部分是由中介变量 M_{ij} 的组内效应对因变量 Y_{ij} 产生的直接作用 γ_{30}^{b1}；第二部分是由低碳试点城市变量影响中介变量 M_{ij} 的组间效应对因变量 Y_{ij} 产生的直接作用 γ_{31}^{b2}。具体的检验过程是执行下列方程式。

层一：

$$Y_{ij} = \beta_{0j} + \beta_{1j}T_{ij} + \beta_{2j}X_{ij} + \beta_{3j}M_{ij} + \varepsilon_{ij} \qquad (8-22)$$

层二：

$$\beta_{0j} = \gamma_{00} + \mu_{0j} \qquad (8-23)$$

$$\beta_{1j} = \gamma_{10} + \mu_{1j} \qquad (8-24)$$

$$\beta_{2j} = \gamma_{20}^{c'1} + \gamma_{21}^{c'2}Z_j + \mu_{2j} \qquad (8-25)$$

$$\beta_{3j} = \gamma_{30}^{b1} + \gamma_{31}^{b2}Z_j + \mu_{3j} \qquad (8-26)$$

综合模型：

$$Y_{ij} = \gamma_{00} + \gamma_{10}T_{ij} + \gamma_{20}^{c'1}X_{ij} + \gamma_{21}^{c'2}Z_{ij}X_{ij} + \gamma_{30}^{b1}M_{ij} + \gamma_{31}^{b2}Z_jM_{ij} + \gamma_{31}^{b2}Z_jM_{ij} +$$
$$\mu_{0j} + \mu_{1j}T_{ij} + \mu_{2j}X_{ij} + \mu_{3j}M_{ij}\varepsilon_{ij} \qquad (8-27)$$

综上所述，自变量 X_{ij} 对于因变量 Y_{ij} 的中介效应由两个部分组成。一部分是组内差异所导致的中介效应，由 γ_{10}^{c1}、γ_{10}^{a1}、γ_{20}^{b1} 三个回归系数来进行衡量，若这三个系数估计值的 t 检验均显著，则组内差异所形成的中介效应存在。且若 $\gamma_{10}^{c'1}$ 的估计值 t 检验不显著，则表明此中介效应为完全中介效应。此中介效应的大小通常用 $ab(\gamma_{10}^{a1} \times \gamma_{20}^{b1})$ 或 $c-c'(\gamma_{10}^{c1} - \gamma_{10}^{c'1})$ 来衡量，而

效应量的大小则用 $ab/(ab+c')$ 来测度。另一部分为组间差异所形成的中介效应，由 γ_{01}^{c2}、γ_{01}^{a2}、γ_{02}^{b2} 三个回归系数估计值是否显著来确定，若估计值的 t 检验都达到显著水平，则组间差异的中介效应存在。且若 γ_{01}^{c2} 估计值的 t 检验没有达到显著性水平，则这个中介效应为完全中介效应。同样，组间差异中介效应的大小用 $ab(\gamma_{01}^{a2} \times \gamma_{02}^{b2})$ 或 $c-c'(\gamma_{01}^{c2} - \gamma_{01}^{c'2})$ 来衡量，而效应量则是 $ab/(ab+c')$。

8.4 城镇化对碳排放的并行作用路径

本部分将基于以上结合了中介效应检验的 HLM 模型，分别对城镇化发展通过各中介变量作用于碳排放量和碳排放强度的作用路径进行检验和详细的分析。

8.4.1 城镇化对碳排放量的并行作用路径分析

8.4.1.1 零模型检验

零模型又称为空模型，主要用于分解解释变量中的组间效应与组内效应。

对于 HLM 模型中介效应检验中，第一步零模型检验中模型的县级与市级层次均不添加任何变量，通过零模型检验的信度结果可以确定变量之间是否存在空间变异，若存在空间变异则需要建立多层模型，反之，则不需要。

零模型用来判断长三角地区的碳排放量（或碳排放强度）是否存在县域层次的差异、是否受市级层面因素的影响。本章构建的是在低碳试点城市下的两层 HLM 模型，在第 8.2 节对 HLM 模型的介绍可知，在实际软件的计算中，是对其综合模型进行估算，而 HLM 综合模型的估计结果由两部分组成：固定效应部分和随机效应部分。所以，在零模型中包

含有一个可估参数 γ_{00} 的固定效应部分和包括两个水平的随机项（分别是第一水平的随机误差项 ε 和第二水平截距项的随机误差项 μ_0）的随机效应部分。

本书使用 HLM（6.08）软件对 HLM 进行估计，估计方法采用限制性极大似然法，同时为了避免多重共线性，回归结果采用的是稳健性标准误差结果。

检验过程需要执行的方程式以及检验结果如下所述。

（1）基本零模型。

县级层次：

$$\ln CAR_{ij} = \beta_{0j} + \varepsilon_{ij} \tag{8-28}$$

市级层次：

$$\beta_{0j} = \gamma_{00} + \mu_{0j} \tag{8-29}$$

综合模型：

$$\ln CAR_{ij} = \gamma_{00} + \mu_{0j} + \varepsilon_{ij} \tag{8-30}$$

（2）带时间项零模型。

县级层次：

$$\ln CAR_{ij} = \beta_{0j} + \beta_{1j} T_{ij} + \varepsilon_{ij} \tag{8-31}$$

市级层次：

$$\beta_{0j} = \gamma_{00} + \mu_{0j} \tag{8-32}$$

$$\beta_{1j} = \gamma_{10} + \mu_{1j} \tag{8-33}$$

综合模型：

$$\ln CAR_{ij} = \gamma_{00} + \gamma_{10} T_{ij} + \mu_{0j} + \mu_{1j} T_{ij} + \varepsilon_{ij} \tag{8-34}$$

由表 8 - 2 和表 8 - 3 可以看到截距项的信度高达 0.991，同时时间项的信度为 0.496，表示所选择的数据具有一致性、稳定性、可靠性，完全符合研究的需要。具体的估值结果如表 8 - 4 和表 8 - 5 所示。

表 8 - 2 基本零模型的信度

随机效应（第一层）	信度
β_0	0.991

表 8 - 3 带时间项零模型的信度

随机效应（第一层）	信度
β_0	0.991
β_1	0.496

表 8 - 4 基本零模型的估计结果

零模型	固定效应				随机效应			
	参数	相关系数	T	P	随机项	标准差	方差	P
$\ln CAR_{ij} = \gamma_{00} +$	γ_{00}	4.8204***	16.998	0	μ_0	1.2716	1.6168	0
$\mu_{0j} + \varepsilon_{ij}$					ε	0.5298	0.2807	

注：*** 表示在 1% 的显著性水平下统计显著。

表 8 - 5 无条件时间增长模型估计结果

零模型	固定效应				随机效应			
	参数	相关系数	T	P	随机项	标准差	方差	P
$\ln CAR_{ij} = \gamma_{00} +$	γ_{00}	4.8194***	-2.852	0	μ_0	1.4112	1.9926	0
$\gamma_{10} T_{ij} + \mu_{0j} +$	γ_{10}	0.0323**	-6.725	0.021	μ_1	0.0478	0.0023	0
$\mu_{1j} T_{ij} + \varepsilon_{ij}$					ε	0.7479	0.5594	

注：***、** 分别表示在 1%、5% 的显著性水平下统计显著。

根据表 8 - 4 和表 8 - 5 的随机效应结果可知，截距项的随机误差项在 1% 的可信度下显著。接着可以计算跨阶层相关系数 ICC 值，用以分析市级层次的方差占总方差的比例。根据计算的 Intraclass Correlation Coefficient（ICC）值可以用来解释层级间存在的组内相关，ICC 被定义为组间方差与总方差之比，表达式为 $ICC = \dfrac{\sigma_{\mu_0}^2}{\sigma_{\mu_0}^2 + \sigma^2}$，$\sigma_{\mu_0}^2$ 表示组间方差，即水平 2 随机误差 μ_0 的方差，σ^2 表示组内方差，即水平 1 的误差项 ε 的方差，若大于临界值 0.06，则必须采用多层线性模型（Yuan et al.，2016）。

具体计算如下：

基本零模型的计算结果：

$$ICC = 1.9957/(1.9957 + 0.5753) = 0.7762 \qquad (8-35)$$

带时间项的零模型的计算结果：

$$ICC = 1.9928/(1.9928 + 0.5594) = 0.7808 \qquad (8-36)$$

由式（8-35）和式（8-36）的结果可知：ICC 值分别为 77.62%、78.08%，均大于临界值，说明数据间具有分层嵌套关系。

由表 8-4 和表 8-5 的固定效应结果可知：固定效应的系数值在 5% 的显著性水平下统计显著，说明模型的设定是合理的。但综合上述 HLM 模型的层级嵌套检验结果来看，不管是基本零模型还是带时间项的零模型，检验结果表明数据间均具有嵌套关系，因此，应该用 HLM 模型进行分析。另外，从基本零模型和带时间项的零模型的 ICC 值来看，式（8-31）~式（8-34）相对更优，所以后续建模将以此为基准模型。

8.4.1.2 城镇化对碳排放量的作用路径分析

由零模型可知，变量间存在嵌套关系。接下来将分别从城镇化对碳排放量的总效应、直接效应以及城镇化对中介变量的间接效应进行研究，以探求适合的碳减排路径。

在本节中，自变量为城镇化水平（U），因变量为碳排放量（CAR），中介变量分别为经济发展水平（GDP）、第二产业占比（SEC）、第三产业占比（THI）、对外贸易水平（EXI）、人口规模（$POPU$）、就业人口水平（$EMPL$）、能源强度（$ENER$）、专利申请量（$PATE$）。

根据前面的分析并借鉴王等（Wang et al.，2019）提炼出的理论路径分别为：城镇化水平 $\rightleftarrows$ GDP→碳排放量；城镇化水平 $\rightleftarrows$ 第二产业占比（第三产业占比、对外贸易水平、人口规模、就业人口水平、能源强度、专利申请量）→碳排放量。

（1）城镇化→中介变量→碳排放量的作用路径。

表 8-6 和表 8-7 为城镇化→中介变量→碳排放量的作用路径检验结果。

表 8-6　城镇化→中介变量→碳排放量的作用路径检验结果（Ⅰ）

变量	城镇化（lnU）→经济发展水平（lnGDP）→碳排放量			城镇化（lnSEC）→第二产业占比→碳排放量（lnCAR）			城镇化（lnU）→第三产业占比→碳排放量（lnCAR）			城镇化（lnEXI）→对外贸易水平→碳排放量（lnCAR）		
	lnCAR(总)	lnGDP	lnCAR	lnCAR(总)	lnSEC	lnCAR	lnCAR(总)	lnTHI	lnCAR	lnCAR(总)	lnEXI	lnCAR
	A	B	C	D	E	F	G	H	I	J	K	L
lnU	45.5640*** [0.008]	0.4009*** [0]	-0.0530 [0.553]	45.5640*** [0.008]	0.0965* [0.098]	0.2908*** [0.002]	45.5640*** [0.008]	0.0405** [0.017]	-0.3099*** [0.006]	45.5640*** [0.008]	0.3856*** [0.005]	0.3291*** [0.004]
ln（U^2）	-12.7882*** [0.010]			-12.7882*** [0.010]			-12.7882*** [0.010]			-12.7882*** [0.010]		
ln（U^3）	1.1796** [0.048]			1.1796** [0.048]			1.1796** [0.048]			1.1796** [0.048]		
lnGDP			0.8382*** [0]									
lnSEC						2.0169*** [0]						
lnTHI									-0.5105** [0.013]			
lnEXI												0.1195*** [0]
lnPOPU												
lnEMPL												
lnENER												
lnPATE												

续表

变量	城镇化 (lnU) →经济发展水平 (lnGDP) →碳排放量 (lnCAR)			城镇化 (lnU) →第二产业占比 (lnSEC) →碳排放量 (lnCAR)			城镇化 (lnU) →第三产业占比 (lnTHI) →碳排放量 (lnCAR)			城镇化 (lnU) →对外贸易水平 (lnEXI) →碳排放量 (lnCAR)		
	lnCAR(总)	lnGDP	lnCAR	lnCAR(总)	lnSEC	lnCAR	lnCAR(总)	lnTHI	lnCAR	lnCAR(总)	lnEXI	lnCAR
	A	B	C	D	E	F	G	H	I	J	K	L
Lowcarbon × lnU	-51.1737** [0.037]	0.7721*** [0.069]	-0.3602** [0.013]	-51.1737** [0.037]	-0.1767* [0.081]	-0.9644*** [0]	-51.1737** [0.037]	0.0239* [0.056]	-1.2417*** [0]	-51.1737** [0.037]	-1.0164*** [0.069]	-0.7612*** [0]
Lowcarbon × lnGDP			-0.1186* [0.058]									
Lowcarbon × lnSEC						-0.9996*** [0]						
Lowcarbon × lnTHI									-1.1108*** [0]			
Lowcarbon × lnEXI												-0.4282*** [0]
Lowcarbon × lnPOPU												
Lowcarbon × lnEMPL												
Lowcarbon × lnENER												
Lowcarbon × lnPATE												

注：***、**、* 分别表示在 0.01、0.05、0.1 的显著性水平下统计显著。

表 8-7　城镇化→中介变量→碳排放量的作用路径检验结果（II）

变量	城镇化（lnU）→人口规模（lnPOPU）→碳排放量（lnCAR）			城镇化（lnU）→就业人口水平（lnEMPL）→碳排放量（lnCAR）			城镇化（lnU）→能源强度（lnENER）→碳排放量（lnCAR）			城镇化（lnU）→专利申请量（lnPATE）→碳排放量（lnCAR）		
	lnCAR（总）	lnPOPU	lnCAR	lnCAR（总）	lnEMPL	lnCAR	lnCAR（总）	lnENER	lnCAR	lnCAR（总）	lnPATE	lnCAR
	M	N	O	P	Q	R	S	T	U	V	W	X
lnU	45.5640*** [0.008]	0.1986*** [0.003]	0.5062*** [0]	45.5640*** [0.008]	0.3217*** [0.017]	-0.1658 [0.198]	45.5640*** [0.008]	-0.1115 [0.204]	0.3639*** [0]	45.5640*** [0.008]	0.5773*** [0]	0.0949 [0.349]
ln（U^2）	-12.7882*** [0.010]			-12.7882*** [0.010]			-12.7882*** [0.010]			-12.7882*** [0.010]		
ln（U^3）	1.1796** [0.048]			1.1796** [0.048]			1.1796** [0.048]			1.1796** [0.048]		
lnGDP												
lnSEC												
lnTHI												
lnEXI												
lnPOPU			1.1232*** [0]									
lnEMPL						1.3953*** [0.004]						
lnENER									0.7252*** [0]			
lnPATE												0.2816*** [0]

续表

变量	城镇化（lnPOPU）→人口规模（lnPOPU）→碳排放量（lnCAR）			城镇化（lnEMPL）→就业人口水平（lnEMPL）→碳排放量（lnCAR）			城镇化（lnENER）→能源强度（lnENER）→碳排放量（lnCAR）			城镇化（lnPATE）→专利申请量（lnPATE）→碳排放量（lnCAR）		
	lnCAR（总）	lnPOPU	lnCAR	lnCAR（总）	lnEMPL	lnCAR	lnCAR（总）	lnENER	lnCAR	lnCAR（总）	lnPATE	lnCAR
	M	N	O	P	Q	R	S	T	U	V	W	X
Lowcarbon × lnU	-51.1737 ** [0.037]	-0.8664 *** [0]	-0.0587 * [0.064]	-51.1737 ** [0.037]	-0.1255 * [0.055]	-1.6242 *** [0]	-51.1737 ** [0.037]	-0.3696 *** [0.006]	-0.8127 *** [0]	-51.1737 ** [0.037]	1.1268 *** [0]	-0.2913 * [0.070]
Lowcarbon × lnPGDP												
Lowcarbon × lnSEC												
Lowcarbon × lnTHI												
Lowcarbon × lnEXI												
Lowcarbon × lnPOPU			-0.3474 *** [0]									
Lowcarbon × lnEMPL						-1.5430 *** [0]						
Lowcarbon × lnENER									-0.2543 *** [0]			
Lowcarbon × lnPATE												-0.3358 *** [0]

注：***、**、* 分别表示在 0.01、0.05、0.1 的显著性水平下统计显著。

①城镇化对碳排放量的总效应。

表 8-6 和表 8-7 中的列 A、D、G、J、M、P、S、V 为不同路径下城镇化对碳排放量的总效应的估计结果。由结果可知，城镇化水平对于碳排放的直接效应可以分成两个部分。其中，一部分是城镇化水平对于碳排放作用的组内效应，为 46.5640，在 1% 显著性水平下显著，表明包含于市域的各个县级的城镇化水平差异的增加，将会使总变量碳排放量随之增加；另一部分是城镇化对于碳排放量作用的组间效应，即在低碳试点城市下，城镇化对碳排放量的系数大小为 -51.1737，自变量的组间差异对于反应变量的作用显著，表明各个市域之间的城镇化水平存在差异，且随着城市间自变量差异的增加，低碳试点城市相对更能促进碳减排；同时由检验结果可知，城镇化与碳排放量呈 "N 型" 曲线关系。

综上所述，城镇化水平对于碳排放作用的总效应统计显著，表明城镇化水平会对碳排放产生直接的影响，所以将城镇化水平设定为基础变量是合理的。

②城镇化对碳排放量的直接效应。

表 8-6 和表 8-7 中的列 C、F、I、L、O、R、U 和 X，分别为城镇化和 GDP、第二产业占比、第三产业占比、对外贸易水平、人口规模、就业人口水平、能源强度和专利申请量对碳排放量直接效应的估计结果。由各检验结果可以看到，考虑到其他变量的共同影响后，在 10% 的显著性水平下，对于组内差异，当中介变量为第二产业占比、对外贸易水平、人口规模、能源强度以及专利申请量时，城镇化对碳排放量有正向作用，而经济发展水平、第三产业占比作为中介变量时，城镇化的提高能降低碳排放量；对于组间变异，即在第二水平中考虑了低碳试点城市后，在中介变量为第二产业占比、第三产业占比、对外贸易水平、人口规模、就业人口水平、能源强度和专利申请量的情形下，城镇化水平均能有效降低碳排放量。因此，从组内变异和组间变异的共同影响来说，在 10% 的显著性水平下，城镇化对碳排放量的直接效应显著。

③城镇化对各中介变量的效应作用。

城镇化水平对于碳排放量的作用有总效应、直接效应、间接效应等，总效应和直接效应已经检验过，间接效应便是指城镇化水平通过对中介变量 M_{ij} 产生作用从而影响到总变量碳排放量的作用效应，即作用路径，表 8 - 6 和表 8 - 7 的列 B、E、H、K、N、Q、T 和 W 分别表示城镇化对中介变量（经济发展水平、第二产业占比、第三产业占比、对外贸易水平、人口规模、就业人口水平、能源强度和专利申请量）作用关系的估计结果。

当中介变量为经济发展水平时，城镇化水平对其直接效应可以分为两个部分：一部分是城镇化水平的组内差异对经济发展水平产生的直接作用，系数值大小为 0.4009，表明城镇化的组内差异对中介变量经济发展水平具有正向的促进作用；另一部分是低碳试点城市下，城镇化水平在不同市域之间的组间差异对经济发展水平产生的直接影响，系数值大小为 0.7721，表明在市级层次中，低碳试点城市的城镇化水平对经济发展水平具有正向作用。不同层级的城镇化水平所引起的直接效应系数值符号相同，由此可以看出，随着城镇化水平的增加，经济发展水平将会随之增加。

当中介变量为第二产业比重时，城镇化水平对于中介变量第二产业比重所产生的直接作用同样可以分为两个部分：其一为城镇化水平在不同县区之间的差异对于第二产业比重产生的直接效应，系数值的大小为 0.0965，在 10% 的显著性水平下是显著的；其二对于低碳城市，城镇化水平的市域之间的差异对于第二产业比重产生的直接效应，系数值为 - 0.1767，表明在高尺度因子影响下，城镇化水平的组间差异对于第二产业比重有负向影响。

当中介变量为第三产业比重时，城镇化水平对于第三产业比重的直接效应在 10% 的显著性水平下显著，城镇化的发展能够促进第三产业的发展，特别是对于低碳试点城市，城镇化水平的提高有利于第三产业占比的提高，其组内差异和组间差异系数值分别为 0.0405、0.0239。

城镇化能够促使产业结构发生变化，然而第二产业仍是我国经济发展的基础，第二产业对生态环境带来的负面影响将导致经济增长与环境保护之间的矛盾愈加尖锐。城镇化水平越高，农村人口会进一步向城市转移，但随着产业结构的转型升级，第二产业所占比例对碳排放的推动作用将会减弱。

当中介变量为对外贸易水平时，城镇化水平对于对外贸易水平的直接效应可以分为组内差异与组间差异两个部分，且均在 10% 水平下统计显著。因此，城镇化水平对于对外贸易水平的组内效应为 0.3856，表示随着城镇化水平的提高，对外贸易水平将随之增加。但作为低碳试点城市，城镇化对对外贸易水平的组间效应为 -1.0164，存在负向关系，表明低碳试点城市能够有效促进碳减排。

当中介变量为人口规模时，城镇化对于人口规模的直接效应在 1% 的显著性水平下显著，城镇化对其的直接作用可以分为组内与组间两个部分。城镇化的组内差异对于中介变量人口规模的直接效应的系数值大小为 0.1986；在低碳试点城市下，城镇化的组间差异对于中介变量人口规模的直接效应的系数值大小为 -0.8664。表明城镇化水平的提高，会提高人口规模的比例，但对于低碳城市，城镇化的提高会引起人口规模的降低。

当中介变量为就业水平时，城镇化对于就业水平的直接效应同样显著。城镇化的组内差异对于就业水平的直接效应系数值大小为 0.3217；城镇化的组间差异对于就业水平的直接效应系数值大小为 -0.1225。表明随着城镇化的组内差异与组间差异的变动，就业人口水平会产生相反方向的变动。

能源强度与专利申请量变量反映了技术水平的高低。当中介变量为能源强度时，城镇化水平对其产生的直接效应在 5% 的显著性水平下仅组间差异显著，系数值为 -0.3696，表明在低碳试点城市下，随着城镇化进程的加快，能源强度将随之降低；当中介变量为专利申请量时，城镇化水平对其产生的直接效应在 1% 的显著性水平下均显著，其中组内差异所产生的作用系数值为 0.5773，组间差异所产生的作用系数值为 1.1268。

对比城镇化对于人口规模、就业水平、能源强度和专利申请量的直接效应可以发现，城镇化发展初期，城镇基础设施和产业发展需要大量劳动力，大量农村人口来到城镇就业，导致城镇居民增加，居民生活、城镇建设、各产业生产消耗能源增加，进而引起碳排放总量上升。而城镇化会相应要求增加教育的投入和居民教育水平的提高。同时城镇化发展对专业型、技术型和创新型等高素质人才的需求加大，高新技术发展提高了各行业的生产效率，从而碳排放量的增长能够得以有效控制。

④各变量的中介效应检验。

首先，对于路径城镇化（$\ln U$）→经济发展水平（$\ln GDP$）→碳排放量（$\ln CAR$）。城镇化对碳排放量的直接效应 c 的作用来源于组内变异和组间变量两部分，二者均在显著性为 5% 的水平下显著；城镇化和中介变量经济发展水平对碳排放量的直接效应中，城镇化对碳排放量的效应 c′仅在组间变异中存在，经济发展水平对碳排放量的效应 b 来源于组内和组间变异，均统计显著；因此，由估计结果来看，城镇化（$\ln U$）→经济发展水平（$\ln GDP$）→碳排放量（$\ln CAR$）的作用路径存在部分中介效应。

另外，对于其他作用路径的估计结果来看，城镇化对碳排放量的总效应、直接效应，以及城镇化对其他中介变量（第二产业比重、对外贸易水平、人口规模、就业人口水平、能源强度、专利申请量）的作用，均在 10% 的显著性水平下统计显著，说明各中介变量均存在部分中介效应，从而表明城镇化→第二产业比重（对外贸易水平、人口规模、就业人口水平、能源强度、专利申请量）→碳排放量的作用路径均是显著存在的。

（2）相关变量→城镇化→碳排放量的作用路径。

考虑到城镇化发展与其他相关变量之间可能存在的双向作用关系，本节进一步对城镇化作为中介变量时的作用路径进行检验。同样，实证模型是在式（8 – 31）～式（8 – 34）的基础上分别构建 HLM 模型并分别进行估计，以检验城镇化作为中介变量对碳排放量的作用效应，相关变量→城镇化→碳排放量的作用路径估计结果如表 8 – 8 和表 8 – 9 所示。

①相关变量对碳排放量的总效应。

表 8 – 8 和表 8 – 9 中的列 A、D、G、J、M、P、S 和 V 分别表示经济发展水平、第二产业占比、第三产业占比、对外贸易水平、人口规模、就业人口水平、能源强度及专利申请量对碳排放量的总效应的检验结果。可以看出，在 10% 的显著性水平下，经济发展水平、第二产业占比的提高、

表8-8　　相关变量→城镇化→碳排放量的作用路径检验结果（Ⅰ）

变量	经济发展水平（lnGDP）→城镇化（lnU）→碳排放量（lnCAR）			第二产业占比（lnSEC）→城镇化（lnU）→碳排放量（lnCAR）			第三产业占比（lnTHI）→城镇化（lnU）→碳排放量（lnCAR）			对外贸易水平（lnEXI）→城镇化（lnU）→碳排放量（lnCAR）		
	lnCAR(总)	lnU	lnCAR	lnCAR(总)	lnU	lnCAR	lnCAR(总)	lnU	lnCAR	lnCAR(总)	lnU	lnCAR
	A	B	C	D	E	F	G	H	I	J	K	L
lnU	0.8335*** [0]	0.0882*** [0]	-0.0530 [0.553]			0.2908*** [0.002]			-0.3099*** [0.006]			0.3291*** [0.004]
ln（U^2）												
ln（U^3）												
lnGDP		0.8382*** [0]										
lnSEC				2.0136*** [0]	0.0128** [0.019]	2.0169*** [0]						
lnTHI							-0.4550** [0.038]	4.4644 [0.740]	-0.5105** [0.013]			
lnEXI										0.1089*** [0.001]	-0.0323** [0.009]	0.1195*** [0]
lnPOPU												
lnEMPL												
lnENER												
lnPATE												

续表

变量	经济发展水平 (lnGDP) →城镇化 (lnU) →碳排放量 (lnCAR)			第二产业占比 (lnSEC) →城镇化 (lnU) →碳排放量 (lnCAR)			第三产业占比 (lnTHI) →城镇化 (lnU) →碳排放量 (lnCAR)			对外贸易水平 (lnEXI) →城镇化 (lnU) →碳排放量 (lnCAR)		
	lnCAR(总)	lnU	lnCAR	lnCAR(总)	lnU	lnCAR	lnCAR(总)	lnU	lnCAR	lnCAR(总)	lnU	lnCAR
	A	B	C	D	E	F	G	H	I	J	K	L
Loucarbon × lnU			-0.3602** [0.013]			-0.9644*** [0]			-1.2417*** [0]			-0.7612*** [0]
Loucarbon × lnGDP	-0.1843*** [0.002]	-0.1107*** [0]	-0.1186* [0.058]									
Loucarbon × lnSEC				-0.9557*** [0]	-0.0217* [0.078]	-0.9996*** [0]						
Loucarbon × lnTHI							-1.0404*** [0]	-0.7717 [0.954]	-1.1108*** [0]			
Loucarbon × lnEXI										-0.5117*** [0]	-0.1083*** [0]	-0.4282*** [0]
Loucarbon × lnPOPU												
Loucarbon × lnEMPL												
Loucarbon × lnENER												
Loucarbon × lnPATE												

注：***、**、* 分别表示在 0.01、0.05、0.1 的显著性水平下统计显著。

表8-9　相关变量→城镇化→碳排放量的作用路径检验结果（II）

变量	人口规模（lnPOPU）→城镇化（lnU）→碳排放量（lnCAR）			就业人口水平（lnEMPL）→城镇化（lnU）→碳排放量（lnCAR）			能源量（lnENER）→城镇化（lnU）→碳排放量（lnCAR）			专利申请量（lnPATE）→城镇化（lnU）→碳排放量（lnCAR）		
	lnCAR(总)	lnU	lnCAR	lnCAR(总)	lnU	lnCAR	lnCAR(总)	lnU	lnCAR	lnCAR(总)	lnU	lnCAR
	M	N	O	P	Q	R	S	T	U	V	W	X
lnU			0.5062*** [0]			-0.1658 [0.198]			0.3639*** [0]			0.0949 [0.349]
ln (U²)												
ln (U³)												
lnGDP												
lnSEC												
lnTHI												
lnEXI												
lnPOPU	1.0692*** [0]	-0.1067*** [0.001]	1.1232*** [0]									
lnEMPL				1.2943*** [0]	0.6093*** [0]	1.3953*** [0.004]						
lnENER							0.3611* [0.094]	0.0406 [0.491]	0.7252*** [0]			
lnPATE										0.2871*** [0.094]	2.5471*** [0]	0.2816*** [0]

续表

变量	人口规模（lnPOPU）→城镇化（lnU）→碳排放量（lnCAR）			就业人口水平（lnEMPL）→城镇化（lnU）→碳排放量（lnCAR）			能源量（lnENER）→城镇化（lnU）→碳排放量（lnCAR）			专利申请量（lnPATE）→城镇化（lnU）→碳排放量（lnCAR）		
	lnCAR(总)	lnU	lnCAR	lnCAR(总)	lnU	lnCAR	lnCAR(总)	lnU	lnCAR	lnCAR(总)	lnU	lnCAR
	M	N	O	P	Q	R	S	T	U	V	W	X
Loucarbon × lnU			-0.0587* [0.064]			-1.6242*** [0]			-0.8127*** [0]			-0.2913* [0.070]
Loucarbon × lnPGDP												
Loucarbon × lnSEC												
Loucarbon × lnTHI												
Loucarbon × lnEXI												
Loucarbon × lnPOPU	-0.4892*** [0]	0.3028*** [0]	-0.3474*** [0]									
Loucarbon × lnEMPL				-1.2870*** [0]	-0.5031*** [0]	-1.5430*** [0]						
Loucarbon × lnENER							-0.7267* [0.061]	-0.0827 [0.208]	-0.2543*** [0]			
Loucarbon × lnPATE										-0.3765*** [0]	0.0616*** [0.032]	-0.3358*** [0]

注：***，*分别表示在 0.01，0.1 的显著性水平下统计显著。

对外贸易水平、人口规模、就业人口水平、能源强度和专利申请量能够显著地推动长三角地区碳排放量的提高，每提高 1% 的经济发展水平、第二产业占比、对外贸易水平、就业人口水平、能源强度和专利申请量，碳排放量将增长 0.8335%、2.0136%、0.1089%、1.0692%、1.2943%、0.3611%、0.2871%；而第三产业（$\ln THI$）则有显著的反向作用，在显著性为 5% 的水平下，对碳排放量的作用系数为 -0.4550；在考虑了低碳试点城市的影响后，经济发展水平、第二产业占比、第三产业占比、对外贸易水平、人口规模、就业人口水平、能源强度及专利申请量的提高有助于碳排放量（$\ln CAR$）的降低。

②相关变量对碳排放量的直接效应。

表 8-8 和表 8-9 中的列 C、F、I、L、O、R、U 和 X 分别表示经济发展水平、第二产业占比、第三产业占比、对外贸易水平、人口规模、就业人口水平、能源强度及专利申请量对碳排放量的直接效应检验结果，其检验结果同总效应结果一致。

经济发展水平对碳排放量的影响来自两部分：一部分是经济发展水平的组内变异对碳排放量的效应，系数值为 0.8382，在显著性为 1% 的水平下显著，表示经济发展水平的增长能够促进碳排放量的增长；另一部分是在低碳试点城市下，经济发展水平的组间变异对碳排放量的作用效应，系数值为 -0.1186，在 10% 的显著性水平显著。

第二产业占比对于碳排放量的效应也可以分为两部分：一是第二产业比重的组内变异对碳排放量的效应，系数值为 2.0169；二是在高尺度因子低碳试点城市下，第二产业比重对碳排放的效应，系数值为 -0.9996，二者效应值均在显著性为 1% 的水平下显著。

将第三产业占比作为中介变量代入模型时，第三产业占比对碳排放量的效应同样也可以分为两部分：一部分是第三产业占比的组内变异对碳排放量的效应，系数值为 -0.5105；另一部分是在低碳试点城市下，第三产业比重对碳排放量的效应，系数值为 -1.1108，效应系数值均在显著性为 5% 的水平下显著。

在以第二产业占比和第三产业占比为中介变量的两个模型中，第二产业占比的增加能够使得碳排放量增加，但第三产业占比的增长对碳排放量的变化却与第二产业占比的作用相反，第三产业占比的提高可以降低碳排放量；同时对于低碳试点城市，第二产业占比和第三产业占比的提高均能使碳排放量降低。

对外贸易水平对于碳排放量的组内与组间效应系数值分别为 0.1195、−0.4282，均在 1% 的显著性水平下统计显著，表明对外贸易水平的提高会引起总变量碳排放量的增加，但目前我国仍以高碳产品出口为主，因此作为低碳试点城市，对外贸易水平与碳排放量呈负向关系。

人口规模和就业人口水平两个变量均属于人口因素。同样，此两个中介变量对于总反应变量产生的效应能够分为组内与组间两个部分，且组内与组间两个部分的效应均在 1% 的显著性水平下显著。其中，人口规模对碳排放量的组内效应回归系数为 1.1232，表明随着人口规模组内差异的增加，碳排放量也会随之增加。在低碳试点城市下，人口规模的组间差异对碳排放作用的系数值为 −0.3474，是负值，表示作为低碳试点城市，碳排放量会随人口规模的组间差异增大而降低。就业人口水平对于碳排放量的组内与组间效应的系数值分别为 1.3953、−1.5430，表示就业人口水平组内变异增大均会带来碳排放量的增加，在目前我国还是以高碳产业为主，因此提供的就业机会越多，碳排放量就会越多，但在低碳试点城市下，能够有效控制碳排放量。

在模型中能源强度与城镇化水平对于碳排放量的作用效应分别由两个部分组成。其中，能源强度对于碳排放量的作用有组内效应与组间效应，系数值分别为 0.7252、−0.2543，系数值均在显著性为 1% 的水平下显著，同时结果表明能源强度提高，会促进碳排放量的增长，但是作为低碳试点城市，则会从一定程度上抑制。

专利申请量反映一个地区的创新能力与社会活力。在专利申请量对碳排放量的直接效应模型中，专利申请量的变动对碳排放量的影响产生组内与组间两种效应。其中，专利申请量的组内变异对碳排放量产生的作用系数值为 0.2816，表示随着专利申请量的组内差异增大，碳排放量将随之增加。专利申请量的组间变异对碳排放量的效应系数值为 −0.3358，表示专利申请量在不同城市之间存在的差异增大，作为低碳试点城市，会抑制碳排放量的增长。

③各相关变量对城镇化的作用。

列 B、E、H、K、N、Q、T 和 W 分别表示经济发展水平、第二产业占比、第三产业占比、对外贸易水平、人口规模、就业人口水平、能源强度及专利申请量对城镇化发展的作用效应检验结果。

列 B、E、K、N、Q 和 W 的检验结果表明：在 10% 的显著性水平下，经济发展水平、第二产业占比、就业人口水平及专利申请量能够显著地促进区域城镇化水平的提高。其系数值分别为：0.0882、0.0128、0.6093 和 2.5471，说明技术进步是促进长三角城市群城镇化发展的重要因素；对外贸易水平、人口规模则对城镇化发展有抑制作用，其作用值分别为 −0.0323、−0.1067；在考虑低碳试点城市的影响后，人口规模、专利申请量的增加能促进城镇化率的提高，而经济发展水平、第二产业占比、对外贸易水平、就业人口水平将使城镇化水平降低。另外，列 H 和 T 的检验结果表示第三产业占比和能源强度对城镇化水平的影响不显著。

④各相关变量对碳排放量的中介效应检验。

综合上述检验结果来看，将城镇化作为中介变量，其他相关变量对碳排放量的作用路径中，经济发展水平（第二产业占比、对外贸易水平、人口规模、就业人口水平及专利申请量）→城镇化→碳排放量的作用路径显著，且存在部分中介效应。而第三产业占比（能源强度）→城镇化率→碳排放量的作用路径不显著，这是因为虽然第三产业占比（能源强度）对碳排放量的总效应及直接效应在 5% 的显著性水平下显著，但第三产业占比（能源强度）对城镇化的间接效应通不过检验，因此需进一步进行 Sobel 检验，对于第三产业占比的 $z = \hat{a}\hat{b}/S_{\hat{a}\hat{b}} = 0.0144 < 1.96 = Z_{\partial = 0.05}$，$S_{\hat{a}\hat{b}} = \sqrt{\hat{a}^2 S_a^2 + \hat{b}^2 S_b^2} = 69.6485$，统计不显著，对能源强度的 $z = \hat{a}\hat{b}/S_{\hat{a}\hat{b}} = 0.0660 < 1.96 = Z_{\partial = 0.05}$，故不存在第三产业占比和能源强度通过作用于城镇化影响碳排放量的显著的作用路径。

8.4.2　城镇化对碳排放强度的并行作用路径分析

8.4.2.1　零模型检验

（1）基本零模型。

县级层次：

$$\ln CI_{ij} = \beta_{0j} + \varepsilon_{ij} \qquad (8-37)$$

市级层次：

$$\beta_{0j} = \gamma_{00} + \mu_{0j} \qquad (8-38)$$

综合模型：

$$\ln CI_{ij} = \gamma_{00} + \mu_{0j} + \varepsilon_{ij} \qquad (8-39)$$

（2）带时间项零模型。

县级层次：

$$\ln CI_{ij} = \beta_{0j} + \beta_{1j}T_{ij} + \varepsilon_{ij} \qquad (8-40)$$

市级层次：

$$\beta_{0j} = \gamma_{00} + \mu_{0j} \qquad (8-41)$$

$$\beta_{1j} = \gamma_{10} + \mu_{1j} \qquad (8-42)$$

综合模型：

$$\ln CI_{ij} = \gamma_{00} + \gamma_{10}T_{ij} + \mu_{0j} + \mu_{1j}T_{ij} + \varepsilon_{ij} \qquad (8-43)$$

由表 8-10 和表 8-11 可以看到，截距项的信度分别为 0.994、0.995，时间项的信度为 0.589，从而表明所选择的数据具有一致性、稳定性、可靠性，采用 HLM 模型进行分析是合适的。

表 8-10　　　　　　　　　　　基本零模型的信度

随机效应（第一层）	信度
β_0	0.994

表 8 - 11　　　　　　　　　　带时间项零模型的信度

随机效应（第一层）	信度
β_0	0.995
β_1	0.589

　　基本零模型和带时间项零模型的估计结果如表 8 - 12 和表 8 - 13 所示。首先，零模型检验。从随机效应分析结果可以得出，市级层次方差为1.6168，县级层次方差为 0.2807，计算出 ICC 值 = 0.8521 > 0.06，说明在探究县域尺度中对碳排放强度的影响时，市级层面对碳排放强度的影响占到了 85.21%，证实数据在各层次之间存在分层嵌套的关系，有必要用HLM 模型进行研究。

表 8 - 12　　　　城镇化发展对碳排放强度影响的基本零模型估计结果

零模型	固定效应部分				随机效应部分			
	参数	相关系数	T	P	参数	标准差	方差成分	P
$\ln CI_{ij} = \gamma_{00} +$	γ_{00}	-0.7271 ***	-2.854	0.009	μ_0	1.2716	1.6168	0
$\mu_{0j} + \varepsilon_{ij}$					ε	0.5298	0.2807	

注：*** 表示在 0.01 的显著性水平下统计显著。

表 8 - 13　　　　城镇化发展对碳排放强度带时间项的零模型估计结果

零模型	固定效应部分				随机效应部分			
	参数	相关系数	T	P	参数	标准差	方差成分	P
$\ln CI_{ij} = \gamma_{00} +$	γ_{00}	-0.7269 ***	-2.852	0.009	μ_0	1.2723	1.6188	0
$\gamma_{10} T_{ij} + \mu_{0j} +$	γ_{10}	-0.0668 ***	-6.725	0.000	μ_1	0.0384	0.0015	0
$\mu_{1j} T_{ij} + \varepsilon_{ij}$					ε	0.4925	0.2425	

注：*** 表示在 0.01 的显著性水平下统计显著。

　　其次，模型的随机效应与固定效应检验。根据表 8 - 12 的估计结果，固定效应部分中，γ_{00} 的估计值为 - 0.7271，P 值 < 0.01，统计显著；在HLM 零模型的随机效应部分中，当随机截距项 μ_0 作为随机变量处理时，其 P 值为 0 < 0.01，说明应将 β_0 设定为带有随机成分的随机参数，因而式（8 - 37）～式（8 - 39）的设定是合理的。

　　在 HLM 模型中要考虑时间因素的影响。记时间变量为 T，从面板数据的角度分析大长三角地区的碳排放强度是否有分层的必要，因此设定无条件时间增长的模型（即在第一水平中不考虑自变量或中介变量以及第二水平中不考虑高尺度因子的模型，仅从时间和地区的角度，分析县域碳排放强度的嵌套结果）进行分层嵌套的判断。检验结果如表 8 - 13 所示。

综合模型如式（8 - 40）~式（8 - 43）所示，同样包括含有截距项 β_0 的截距项回归系数 γ_{00} 与时间项系数 β_1 的截距项回归系数 γ_{10} 的固定效应部分和其误差项的随机效应部分，即 $\gamma_{00} + \gamma_{10}T$ 和 $\mu_0 + \mu_1 T + \varepsilon$。由表 8 - 13 固定效应部分的估计结果可知，所有回归参数的估计值均在 0.01 的显著性水平下显著，在表 8 - 13 随机效应部分中，将截距项 β_0 的随机误差 μ_0 和时间项系数 β_1 的随机误差 μ_1 作为随机因素考虑时，这些参数均在 5% 的显著水平下统计显著，这表明截距项 β_0 和时间项 β_1 都应该作为带有随机成分的随机参数处理，故式（8 - 40）~式（8 - 43）的设定合理。

最后，计算 ICC 值，得出 ICC = 0.8685 > 0.06，说明数据间具有分层嵌套关系。

从上面 HLM 模型的层级嵌套检验结果来看，不管是基本零模型 ［式（8 - 37）~式（8 - 39）］还是带时间项的零模型 ［式（8 - 40）~式（8 - 43）］，数据间均具有嵌套关系，即县域碳排放强度的影响来源于县级和市级两个空间尺度，因此应当用 HLM 模型进行分析。另外，从式（8 - 37）~式（8 - 39）和式（8 - 40）~式（8 - 43）的 ICC 值来看，式（8 - 40）~式（8 - 43）相对更优，所以后续建模将以式（8 - 40）~式（8 - 43）为基准模型。

8.4.2.2 城镇化发展对碳排放强度的作用路径分析

通过零模型检验，得出县域尺度碳排放强度存在嵌套结构，则说明需要从多尺度角度进行研究。那么接下来，在优选模型基础上加入中介变量，运用中介效应检验方法系统研究城镇化对碳排放强度的三种作用效应，即总效应、直接效应和中介效应（间接效应），具体方法步骤同城镇化对碳排放量的效应检验一致；最后通过三种作用效应，通过中介效应检验的方法寻找出合适的降低碳排放强度的作用路径。

在本节中，除与上部分城镇化对碳排放量的作用路径分析中的因变量不同，其余变量均是一致的，本节中因变量为碳排放强度（CI）。

根据前面的分析，本节提炼出的理论路径分别为：城镇化水平 $\rightleftarrows$ GDP→碳排放强度；城镇化水平 $\rightleftarrows$ 第二产业占比（第三产业占比、对外贸易水平、人口规模、就业人口水平、能源强度、专利申请量）→碳排放强度。

（1）城镇化→中介变量→碳排放强度的作用路径。

表 8 – 14 和表 8 – 15 为城镇化→中介变量→碳排放强度的作用路径检验结果。

①城镇化对碳排放强度的总效应。

表 8 – 14 和表 8 – 15 的 A、D、G、J、M、P、S 为不同路径下城镇化水平对碳排放强度的总效应模型的估计结果。由结果可知，城镇化与碳排放强度之间呈"N"型曲线关系，城镇化 [$\ln U$、$\ln(U^2)$、$\ln(U^3)$] 对碳排放强度（$\ln CI$）的系数值（13.0100、−3.9518、0.3904）在 1% 的显著性水平下显著，说明随着大长三角地区城镇化的发展，碳排放强度先增加，后降低，然后又会增加，城镇化前期和长期对碳排放强度的影响为正向作用，中期会产生负向影响；在考虑了高尺度地区低碳试点城市的影响后，城镇化（$\ln U$）对碳排放强度的作用系数（−0.0502）在 10% 的水平下统计显著，城镇化与低碳试点城市的交互项对碳排放强度有负向影响，说明城镇化率每提高 1%，作为低碳试点城市相较于非低碳试点城市使碳排放强度降低 0.0502%。以上结果表明，城镇化水平对碳排放强度的总效应显著。

②城镇化对碳排放强度的直接效应。

表 8 – 14 和表 8 – 15 中的列 C、F、I、L、O、R 和 U 分别为城镇化与GDP、第二产业占比、第三产业占比、对外贸易水平、人口规模、就业人口水平和专利申请量对碳排放强度直接效应的估计结果。由各检验结果可以看到，考虑到其他变量的联合影响后，在 5% 的显著性水平下，城镇化与

表 8 - 14　城镇化→中介变量→碳排放强度的作用路径检验结果（Ⅰ）

变量	城镇化（lnU）→经济发展水平（lnGDP）→碳排放强度（lnCI）			城镇化（lnU）→第二产业占比（lnSEC）→碳排放强度（lnCI）			城镇化（lnU）→第三产业占比（lnTHI）→碳排放强度（lnCI）			城镇化（lnU）→对外贸易水平（lnEXI）→碳排放强度（lnCI）		
	lnCI（总）	lnGDP	lnCI	lnCI（总）	lnSEC	lnCI	lnCI（总）	lnTHI	lnCI	lnCI（总）	lnEXI	lnCI
	A	B	C	D	E	F	G	H	I	J	K	L
lnU	13.0100 *** [0]	0.4009 *** [0]	13.7616 *** [0]	13.0100 *** [0]	0.0965 * [0.098]	3.8070 *** [0.005]	13.0100 *** [0]	0.0405 ** [0.017]	7.3226 *** [0]	13.0100 *** [0]	0.3856 *** [0.005]	10.5468 *** [0]
ln（U^2）	-3.9518 *** [0]		-4.1628 *** [0]	-3.9518 *** [0]		-1.0987 *** [0.006]	-3.9518 *** [0]		-2.2559 *** [0]	-3.9518 *** [0]		-3.2769 [0]
ln（U^3）	0.3904 *** [0]		0.4099 *** [0]	0.3904 *** [0]		0.1009 ** [0.011]	0.3904 *** [0]		0.2271 *** [0]	0.3904 *** [0]		0.3302 *** [0]
lnGDP			-0.1562 *** [0]									
lnSEC						1.2767 [0]						
lnTHI									-1.2868 *** [0]			
lnEXI												0.0601 ** [0.012]
lnPOPU												
lnEMPL												
lnPATE												

续表

变量	城镇化 (lnU) →经济发展水平 (lnGDP) →碳排放强度 (lnCI)			城镇化 (lnU) →第二产业占比 (lnCI) →碳排放强度 (lnCI)			城镇化 (lnU) →第三产业占比 (lnCI) →碳排放强度 (lnCI)			城镇化 (lnU) →对外贸易强度 (lnCI) →碳排放强度 (lnCI)		
	lnCI (总)	lnGDP	lnCI	lnCI (总)	lnSEC	lnCI	lnCI (总)	lnTHI	lnCI	lnCI (总)	lnEXI	lnCI
	A	B	C	D	E	F	G	H	I	J	K	L
Lowcarbon × lnU	-0.0502* [0.072]	0.7721*** [0.069]	-0.0010 [0.951]	-0.0502* [0.072]	-0.1767* [0.081]	-0.0959** [0.023]	-0.0502* [0.072]	0.0239* [0.056]	-0.1380** [0.025]	-0.0502* [0.072]	-1.0164*** [0.069]	-0.2337 [0.119]
Lowcarbon × lnGDP			-0.0856 [0.166]									
Lowcarbon × lnSEC						-0.2674*** [0.001]						
Lowcarbon × lnTHI									-0.5475*** [0.001]			
Lowcarbon × lnEXI												-0.2872*** [0]
Lowcarbon × lnPOPU												
Lowcarbon × lnEMPL												
Lowcarbon × lnPATE												

注：***、**、* 分别表示在 0.01、0.05、0.1 的显著性水平下统计显著。

表 8 - 15　城镇化→中介变量→碳排放强度的作用路径检验结果（Ⅱ）

变量	城镇化（lnU）→人口规模（lnPOPU）→碳排放强度（lnCI）			城镇化（lnU）→就业人口水平（lnEMPL）→碳排放强度（lnCI）			城镇化（lnU）→专利申请量（lnPATE）→碳排放强度（lnCI）		
	lnCI（总）	lnPOPU	lnCI	lnCI（总）	lnEMPL	lnCI	lnCI（总）	lnPATE	lnCI
	M	N	O	P	Q	R	S	T	U
lnU	13.0100 *** [0]	0.1986 *** [0.003]	7.9569 *** [0.003]	13.0100 *** [0]	0.3217 *** [0.017]	12.0221 *** [0]	13.0100 *** [0]	0.5773 *** [0]	12.7247 *** [0]
ln（U^2）	-3.9518 *** [0]		-2.4067 *** [0.003]	-3.9518 *** [0]		-3.7029 *** [0]	-3.9518 *** [0]		-3.8096 *** [0]
ln（U^3）	0.3904 *** [0]		0.2344 *** [0.003]	0.3904 *** [0]		0.3656 *** [0]	0.3904 *** [0]		0.3725 *** [0]
lnGDP									
lnSEC									
lnTHI									
lnEXI									
lnPOPU			0.0091 [0.881]						
lnEMPL						-0.3753 *** [0.004]			
lnENER									
lnPATE									-0.1724 *** [0]

续表

变量	城镇化（lnU）→人口规模（lnPOPU）→碳排放强度（lnCI）			城镇化（lnU）→就业人口水平（lnEMPL）→碳排放强度（lnCI）			城镇化（lnU）→专利申请量（lnPATE）→碳排放强度（lnCI）		
	lnCI（总）	lnPOPU	lnCI	lnCI（总）	lnEMPL	lnCI	lnCI（总）	lnPATE	lnCI
	M	N	O	P	Q	R	S	T	U
Loucarbon × lnU	-0.0502* [0.072]	-0.8664*** [0]	-0.2532* [0.089]	-0.0502* [0.072]	-0.1255* [0.055]	-0.2484 [0.114]	-0.0502* [0.072]	1.1268*** [0]	-0.2215** [0.016]
Loucarbon × lnPGDP									
Loucarbon × lnSEC									
Loucarbon × lnTHI									
Loucarbon × lnEXI									
Loucarbon × lnPOPU			-0.6244*** [0]						
Loucarbon × lnEMPL						-0.9045*** [0]			
Loucarbon × lnENER									
Loucarbon × lnPATE									-0.2612*** [0]

注：***，**，* 分别表示在0.01，0.05，0.1的显著性水平下统计显著。

碳排放强度仍呈显著的"N"型曲线关系，且在第二水平中考虑了低碳试点城市后，城镇化水平能有效降低碳排放强度，说明城镇化对碳排放强度的直接效应显著。

③城镇化对各中介变量的作用。

表8-14和表8-15中的列B、E、H、K、N、Q和T分别为城镇化对中介变量（GDP、第二产业占比、第三产业占比、对外贸易水平、人口规模、就业人口水平和专利申请量）作用关系的估计结果。

由估计结果可知：在10%的显著性水平下，城镇化对中介变量（GDP、第二产业占比、第三产业占比、对外贸易水平、人口规模、就业人口水平和专利申请量）均有显著的正向作用；另外，低碳试点城市的城镇化水平的发展在10%的显著性水平下能够显著地降低第二产业占比、对外贸易水平、人口规模和就业人口水平，但却能促进经济发展水平、第三产业占比和专利申请量的提高。

这主要是因为：第一，城镇化的过程不仅是人口集聚的过程，同时也是企业集聚的过程，企业的集聚加快了地区的经济发展速度，使得就业和投资机会增多，推动区域经济发展，同时城镇化的快速发展需要大量的基础设施，从而使得政府的投资力度加大，推动了经济的增长。第二，第二产业是中国几十年来经济发展的支柱产业，且目前仍为经济发展的重点领域。作为全球最大的发展中国家，中国正处于工业化和城镇化高速发展的重要时期，城镇化与工业化紧密相关。同时，城镇地区的第二产业发展水平的提高也促进了第三产业的发展，城镇化水平的提高为工业生产活动提供了更多的人力资源，为第三产业的发展打下了坚实的基础。第三，城镇化的推动使得人口流动，更使得人才聚集，专利申请量则直观反映社会创新能力，专利申请量越多，表示社会的创新能力越强。

④各变量的中介效应检验。

根据上述各种检验的结果，城镇化发展作用于碳排放强度的不同路径的检验结果总结如下：

首先，城镇化率→GDP→碳排放强度的作用路径显著。由前文结果可知，城镇化对碳排放强度的总效应、直接效应、城镇化对人均GDP的影响均在 10% 的显著性水平下显著，说明人均 GDP 存在部分中介效应，从而城镇化率→人均 GDP→碳排放强度的作用路径是显著的。

其次，对于其他作用路径的估计结果来看，城镇化对碳排放强度的总效应、直接效应，以及城镇化对其他中介变量（第二产业占比、第三产业占比、对外贸易水平、人口规模、就业人口水平和专利申请量）的作用，均在 10% 的显著性水平下统计显著，说明各中介变量均存在部分中介效应，从而表明城镇化率→第二产业占比（第三产业占比、对外贸易水平、人口规模、就业人口水平和专利申请量）→碳排放强度。

最后，由于以能源强度为中介变量在模型中进行分析时，无法通过其显著性水平检验，因此在表中不再涉及。

（2）相关变量→城镇化→碳排放强度的作用路径。

相关变量→城镇化→碳排放强度的作用路径检验结果如表 8-16 和表 8-17 所示。

①相关变量对碳排放强度的总效应及直接效应。

表 8-16 和表 8-17 的列 A、D、G、J、M、P 和 S 分别表示经济发展水平、第二产业占比、第三产业占比、对外贸易水平、人口规模、就业人口水平及专利申请量对碳排放强度的总效应的检验结果。可以看出：在 10% 的显著性水平下，第二产业占比的提高（$\ln SEC$）、对外贸易水平（$\ln EXI$）、人口规模（$\ln POPU$）、就业人口水平（$\ln EMPL$）和专利申请量（$\ln PATE$）能够显著地推动长三角地区碳排放强度（$\ln CI$）提高，每提高 1% 的第二产业占比（$\ln SEC$）、对外贸易水平（$\ln EXI$）、就业人口水平（$\ln EMPL$）和专利申请量（$\ln PATE$），碳排放强度将增加 1.1254%、0.0650%、0.1887%、0.0182%；经济发展水平（$\ln GDP$）和第三产业占比（$\ln THI$）则有显著的反向作用，对碳排放强度的作用系数分别为 -0.1630、-1.3142；在考虑了低碳试点城市的影响后，经济发展水平、第二产业占比、第三产业占比、对外贸易水平、人口规模、就业人口水平及专利申请量的提高有助于碳排放强度（$\ln CI$）的降低。

列 C、F、I、L、O、R 和 U 分别表示经济发展水平、第二产业占比、第三产业占比、对外贸易水平、人口规模、就业人口水平及专利申请量对碳排放强度的直接效应检验结果，其检验结果同总效应结果一致。

一般而言，第二产业的碳排放强度高于第三产业的碳排放强度，因此在碳排放强度相对稳定的情况下，第二产业占比越高碳排放强度也就越高，第三产业占比越高，碳排放强度就会相对越低。因此，产业结构升级有益于城市低碳发展，为了降低碳排放强度、实现长三角地区的低碳发展，长三角地区应当坚持在以第二产业为主导的基础上，不断推进产业结构优化，同时加大对第二产业环境治理的力度，培养第三产业企业的环境保护意识。

②各相关变量对城镇化的作用。

表 8－16 和表 8－17 的列 B、E、H、K、N、Q 和 T 分别表示经济发展水平、第二产业占比、第三产业占比、对外贸易水平、人口规模、就业人口水平及专利申请量对城镇化发展的作用效应检验结果。

列 B、E、K、N、Q 和 T 的检验结果表明：在 1% 的显著性水平下，经济发展水平（$\ln GDP$）、第二产业占比（$\ln SEC$）、就业人口水平（$\ln EMPL$）及专利申请量（$\ln PATE$）能够显著地促进区域城镇化水平（$\ln U$）的提高。其中，每提高 1% 的经济发展水平、第二产业占比就业人口水平、专利申请量，将会促进城镇化水平分别提高 0.0882%、0.0128%、0.6093% 和 2.5471%，说明技术进步是促进长三角城市群城镇化发展的重要因素；对外贸易水平（$\ln EXI$）、人口规模（$\ln POPU$）则对城镇化发展有抑制作用，其作用值分别为 －0.0323、－0.1067；在考虑低碳试点城市的影响后，人口规模（$\ln POPU$）、专利申请量（$\ln Patent$）的增加能促进城镇化率的提高，而经济发展水平（$\ln GDP$）、第二产业占比（$\ln SEC$）、对外贸易水平（$\ln EXI$）、就业人口水平（$\ln EMPL$）将使城镇化水平（$\ln U$）降低。另外，列 H 的检验结果表示第三产业占比对城镇化水平的影响不显著。

③城镇化的中介效应检验。

综合上述检验结果来看，将城镇化作为中介变量，其他相关变量对碳排放强度的作用路径中，经济发展水平（第二产业占比、对外贸易水平、人口规模、就业人口水平及专利申请量）→城镇化→碳排放强度的作用路径显著，且存在部分中介效应。而第三产业占比→城镇化率→碳排放强度的

表8-16　相关变量→城镇化→碳排放强度的作用路径检验结果（I）

变量	经济发展水平 (lnGDP) →城镇化 (lnU) →碳排放强度 (lnCI)			第二产业占比 (lnSEC) →城镇化 →碳排放强度 (lnCI)			第三产业占比 (lnTHI) →城镇化 →碳排放强度 (lnCI)			对外贸易水平 (lnEXI) →城镇化 →碳排放强度 (lnCI)		
	lnCI (总)	lnU	lnCI →城镇化	lnCI (总)	lnU	lnCI →城镇化	lnCI (总)	lnU	lnCI →城镇化	lnCI (总)	lnU	lnCI →城镇化
	A	B	C	D	E	F	G	H	I	J	K	L
$\ln U$			13.7616 *** [0]			3.8070 *** [0.005]			7.3226 *** [0]			10.5468 *** [0]
$\ln(U^2)$			-4.1628 *** [0]			-1.0987 *** [0.006]			-2.2559 *** [0]			-3.2769 *** [0]
$\ln(U^3)$			0.4099 *** [0]			0.1009 ** [0.011]			0.2271 *** [0]			0.3302 *** [0]
$\ln GDP$	-0.1630 *** [0]	0.0882 *** [0]	-0.1562 *** [0]									
$\ln SEC$				1.1254 *** [0]	0.0128 ** [0.019]	1.2767 *** [0]						
$\ln THI$							-1.3142 *** [0]	4.4644 [0.740]	-1.2868 *** [0]			
$\ln EXI$										0.0650 *** [0.007]	-0.0323 *** [0.009]	0.0601 ** [0.012]
$\ln POPU$												
$\ln EMPL$												
$\ln PATE$												

续表

变量	经济发展水平 (lnGDP) (lnU)→碳排放强度 →城镇化 (lnCI)			第二产业占比 (lnSEC) (lnU)→碳排放强度 →城镇化 (lnCI)			第三产业占比 (lnTHI) (lnU)→碳排放强度 →城镇化 (lnCI)			对外贸易水平 (lnEXI) (lnU)→碳排放强度 →城镇化 (lnCI)		
	lnCI (总)	lnU	lnCI	lnCI (总)	lnU	lnCI	lnCI (总)	lnU	lnCI	lnCI (总)	lnU	lnCI
	A	B	C	D	E	F	G	H	I	J	K	L
Lowcarbon × lnU	-0.1879*** [0.002]		-0.0010 [0.951]			-0.0959** [0.023]			-0.1380** [0.025]			-0.2337 [0.119]
Lowcarbon × lnGDP		-0.1107*** [0]	-0.0856 [0.166]									
Lowcarbon × lnSEC				-0.2961** [0.020]	-0.0217* [0.078]	-0.2674*** [0.001]						
Lowcarbon × lnTHI							-0.5157*** [0.001]	-0.7717 [0.954]	-0.5475*** [0.001]			
Lowcarbon × lnEXI										-0.2908*** [0]	-0.1083*** [0]	-0.2872*** [0]
Lowcarbon × lnPOPU												
Lowcarbon × lnEMPL												
Lowcarbon × lnPATE												

注：***、**、* 分别表示在 0.01、0.05、0.1 的显著性水平下统计显著。

表 8-17　相关变量→城镇化→碳排放强度的作用路径检验结果（II）

变量	人口规模（lnPOPU）→城镇化（lnU）→碳排放强度（lnCI）			就业人口水平（lnEMPL）→城镇化（lnU）→碳排放强度（lnCI）			专利申请量（lnPATE）→城镇化（lnU）→碳排放强度（lnCI）		
	lnCI（总）	lnU	lnCI	lnCI（总）	lnU	lnCI	lnCI（总）	lnU	lnCI
	M	N	O	P	Q	R	S	T	U
lnU			7.9569*** [0.003]			12.0221*** [0]			12.7247*** [0]
ln(U²)			-2.4067*** [0.003]			-3.7029*** [0]			-3.8096*** [0]
ln(U³)			0.2344*** [0.003]			0.3656*** [0]			0.3725*** [0]
lnGDP									
lnSEC									
lnTHI									
lnEXI									
lnPOPU	0.0297 [0.804]	-0.1067*** [0.001]	0.0091 [0.881]						
lnEMPL				0.1887** [0.019]	0.6093*** [0]	-0.3753*** [0.004]			
lnPATE							0.0182* [0.057]	2.5471*** [0]	-0.1724*** [0]

续表

变量	人口规模（lnPOPU）→城镇化（lnU）→碳排放强度（lnCI）			就业人口水平（lnEMPL）→城镇化（lnU）→碳排放强度（lnCI）			专利申请量（lnPATE）→城镇化（lnU）→碳排放强度（lnCI）		
	lnCI（总）	lnU	lnCI	lnCI（总）	lnU	lnCI	lnCI（总）	lnU	lnCI
	M	N	O	P	Q	R	S	T	U
Lowcarbon × lnU			-0.2552* [0.089]			-0.2484 [0.114]			-0.2215** [0.016]
Lowcarbon × lnPGDP									
Lowcarbon × lnSEC									
Lowcarbon × lnTHI									
Lowcarbon × lnEXI									
Lowcarbon × lnPOPU	-0.5960*** [0.009]	0.3028*** [0]	-0.6244*** [0]						
Lowcarbon × lnEMPL				-0.7066** [0.024]	-0.5031*** [0]	-0.9045*** [0]			
Lowcarbon × lnPATE							-0.2273*** [0]	0.0616** [0.032]	-0.2612*** [0]

注：***、**、*分别表示在 0.01、0.05、0.1 的显著性水平下统计显著。

作用路径不显著，这是因为虽然第三产业占比对碳排放强度的总效应及直接效应在5%的显著性水平下显著，但第三产业占比对城镇化的间接效应通不过检验，因此需进一步进行 Sobel 检验，由于 $z = \hat{a}\hat{b}/S_{\hat{a}\hat{b}} = 0.0114 < 1.96 = Z_{\partial = 0.05}$，$S_{\hat{a}\hat{b}} = \sqrt{\hat{a}^2 S_{\hat{a}}^2 + \hat{b}^2 S_{\hat{b}}^2} = 69.6485$，统计不显著，故不存在第三产业占比通过作用于城镇化影响碳排放强度的显著的作用路径。

8.5　城镇化对碳排放的链式作用路径

前面已经对城镇化作用于碳排放量（碳排放强度）的并行中介效应进行了研究，那么接下来进一步分析城镇化对碳排放量（碳排放强度）的链式多重中介效应。

8.5.1　城镇化对碳排放量的链式作用路径分析

城镇化对碳排放量的理论链式中介作用路径包括：

（1）$\ln U \to \ln GDP \to \ln POPU \to \ln PATE \to \ln CAR$；

（2）$\ln U \to \ln POPU \to \ln GDP \to \ln PATE \to \ln CAR$；

（3）$\ln U \to \ln POPU \to \ln PATE \to \ln GDP \to \ln CAR$；

（4）$\ln U \to \ln GDP \to \ln PATE \to \ln POPU \to \ln CAR$；

（5）$\ln U \to \ln PATE \to \ln GDP \to \ln POPU \to \ln CAR$；

（6）$\ln U \to \ln PATE \to \ln POPU \to \ln GDP \to \ln CAR$。

$\ln U \to \ln GDP \to \ln POPU \to \ln PATE \to \ln CAR$ 的作用路径检验结果如表 8 - 18 所示。

表 8 - 18 中 CAR（1）表示城镇化对碳排放量的总效应估计结果，CAR（2）、CAR（3）和 CAR（4）分别表示考虑加入中介变量，即经济因素、人口规模和技术因素的城镇化对碳排放量的直接效应估计结果。根据 CAR（1）、CAR（2）、CAR（3）以及 CAR（4）的检验结果可知，城镇

表 8-18　$\ln U \rightarrow \ln GDP \rightarrow \ln POPU \rightarrow \ln PATE \rightarrow \ln CAR$ 的作用用路径检验结果

变量	组内效应				组间效应			
	U	GDP	POPU	PATE	U × lowcarbon	GDP × lowcarbon	POPU × lowcarbon	PATE × lowcarbon
CAR (1)	46.5640 *** [0.008]				-51.1737 ** [0.037]			
CAR (2)	-0.0530 [0.553]	0.8382 *** [0]			-0.3602 ** [0.013]	-0.1186 * [0.058]		
CAR (3)	0.1048 [0.196]	0.6504 *** [0]	0.4153 *** [0]		0.1430 [0.254]	-0.3358 *** [0]	-0.8018 *** [0]	
CAR (4)	0.0988 [0.207]	0.8886 *** [0]	0.3048 *** [0]	-0.1667 *** [0]	0.1001 [0.408]	-0.9382 *** [0]	-0.8754 *** [0]	-0.4631 *** [0]
PATE (1)	0.6681 *** [0]				-0.10218 *** [0]			
PATE (2)	0.2154 ** [0.021]	1.1292 *** [0]			-0.0442 [0.768]	0.1655 ** [0.012]		
PATE (3)	-0.0364 [0.709]	1.4289 *** [0]	-0.6628 *** [0]		0.2016 [0.181]	-0.1999 ** [0.021]	-0.7874 ** [0]	
POPU (1)	-0.1986 *** [0.003]				-0.8664 *** [0]			
POPU (2)	-0.3799 *** [0]	0.4522 *** [0]			-0.4288 *** [0]	-0.0754 ** [0.028]		
GDP	0.4009 ** [0.013]				-0.7721 ** [0.026]			

注：***、**、* 分别表示在 0.01、0.05、0.1 的显著性水平下统计显著。

化及中介变量的效应由组内变异和组间变异两部分共同作用，其估计结果可以从这两个方面进行分析。CAR（1）表示城镇化对碳排放量的总效应，由检验结果来看，城镇化对碳排放量的影响来源于组内变异和组间变异两个方面。一方面，对于组内效应而言，城镇化对碳排放量存在正向影响，说明城镇化的提高将促进碳排放量的增加；另一方面，城镇化对碳排放量的组间变异对碳排放量具有的负向影响，表明对于低碳试点城市，城镇化的提高会抑制碳排放量的增加。另外，组间效应和组内效应均在5%的显著性水平下统计显著。CAR（4）表示考虑了链式中介效应中所有中介变量后，城镇化发展对碳排放量的直接效应结果，从检验结果来看，城镇化发展无论是从组内差异还是组间差异，其系数值在5%的显著性水平下不显著，中介变量经济水平、人口规模以及专利申请量都从组内和组间变异两方面对碳排放量产生影响。对于组内差异，经济水平和人口规模均能促进碳排放量的增加，专利申请量的增加会使得碳排放量降低；对于组间变异，在低碳试点城市的影响下，经济水平、人口规模以及专利申请量的提高会降低碳排放量，系数值均在1%的显著性水平下显著。

$PATE$（1）~ $PATE$（3）的估计结果分别表明，城镇化发展对专利申请量的总效应以及在考虑了中介变量经济水平和人口规模后城镇化发展对专利申请量的直接效应。对于$PATE$（1），城镇化对专利申请量的总效应结果由组内差异和组间差异两部分组成，组内差异的系数值均为正，表明城镇化对专利申请量有正向作用，但考虑了低碳试点城市后，城镇化的发展却能抑制专利申请量的发展，同时两者系数效应值均在1%的显著性水平下显著。$PATE$（3）表示城镇化发展在经济水平和人口规模的影响下对碳排放量的直接效应，由检验结果可知，城镇化对专利申请量的作用关系在5%的显著性水平下不显著，经济水平和人口规模对专利申请量的影响从组内差异和组间变异对专利申请量都有影响。对于组内变异，经济发展水平能促进专利申请量的增长，而人口规模对专利申请量的作用则相反；同时在低碳试点城市的影响下，经济发展和人口规模的提高均对专利申请量有负向影响。

根据$POPU$（1）和$POPU$（2）模型的估计结果表明，城镇化水平的提高有助于降低人口规模，城镇化对人口规模的影响由组内和组间差异决定。加入经济水平后，经济发展水平对人口规模存在正向影响。

GDP 模型的估计结果表明，城镇化从县—市两尺度影响经济发展，且在 5% 的显著性水平下显著，城镇化水平对经济水平的组内差异存在显著的正向影响，但城镇化与经济水平的组间变异则是负向关系。

根据 *POPU*（1）、*POPU*（2）和 *GDP* 模型结果，其作用路径为 $\ln U \rightarrow \ln GDP \rightarrow \ln POPU$。效应值来源于组内变异和组间变异两部分。对于第一部分，即由组内差异导致的中介效应，城镇化对 GDP 的中介效应、城镇化对人口规模的总效应、城镇化对人口规模的直接效应以及 GDP 对人口规模的直接效应均统计显著，故存在组内差异的中介效应，且为部分中介效应。对于第二部分组间差异的中介效应，即考虑了低碳试点城市后，城镇化对人口规模的总效应为负，直接效应为 -0.4288，城镇化对 GDP 的中介效应值为 -0.7721，在 5% 的显著性水平下显著，GDP 对人口规模的直接作用 -0.0754 也在 5% 的显著性水平下显著，故存在组间变异的中介效应，且为部分中介效应。由前面可知，HLM 模型的中介效应由组内变异和组间差异共同作用，因此 $\ln U \rightarrow \ln GDP \rightarrow \ln POPU$ 的作用路径显著。

PATE（1）、*PATE*（2）、*PATE*（3）、*POPU*（1）、*POPU*（2）、*GDP* 模型估计结果的作用路径为 $\ln U \rightarrow \ln GDP \rightarrow \ln POPU \rightarrow \ln PATE$。城镇化对专利申请量的总效应和直接效应从组内变异和组间变异共同作用，且作用系数值均在 5% 的显著性水平下显著，GDP 和人口规模对专利申请量的直接效应也是从组内差异和组间差异进行影响，同时已知作用路径 $\ln U \rightarrow \ln PGDP \rightarrow \ln POPU$ 的检验结果知道其作用路径显著，因此作用路径 $\ln U \rightarrow \ln GDP \rightarrow \ln POPU \rightarrow \ln PATE$ 在 5% 的显著性水平下显著。

根据 *CAR*（1）、*CAR*（2）、*CAR*（3）、*CAR*（4）、*PATE*（1）、*PATE*（2）、*PATE*（3）、*POPU*（1）、*POPU*（2）和 *GDP* 的估计结果，其作用路径为 $\ln U \rightarrow \ln GDP \rightarrow \ln POPU \rightarrow \ln PATE \rightarrow \ln CAR$。城镇化对碳排放量的总效应从组内和组间变异两部分作用，且其作用系数值均在 5% 的显著性下显著，但城镇化对碳排放强度的直接效应无论是从组内变异还是组间差异均在 10% 的显著性下不显著；GDP、人口规模以及专利申请量对碳排放量的直接效应从组内差异和组间变异均能通过检验，同时已知 $\ln U \rightarrow \ln GDP \rightarrow$

ln$POPU$→ln$PATE$ 的作用路径显著，因此 ln$U$→lnGDP→ln$POPU$→ln$PATE$→lnCAR 存在完全中介效应，故作用路径显著。

根据表 8 – 18 的估计结果以及分析，可得其链式中介效应作用路径，如图 8 – 1 所示。其中，虚线表示组内效应，实线表示组间效应。

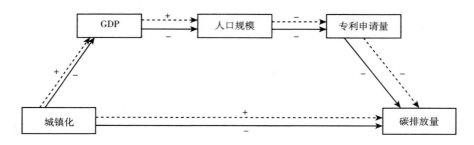

图 8 – 1   ln$U$→lnGDP→ln$POPU$→ln$PATE$→lnCAR 作用路径

资料来源：笔者整理。

对于中介变量 GDP、人口规模以及专利申请量在链式中介效应中进行不同位置的变换，进而探究城镇化对碳排放量的链式作用路径。检验结果如表 8 – 19 ~ 表 8 – 23 所示，分析步骤同表 8 – 18，从而其相应的作用路径如图 8 – 2 ~ 图 8 – 6 所示。

表 8 – 19 表示城镇化→人口规模→经济水平→专利申请量→碳排放量的作用路径，图 8 – 2 为表 8 – 19 所反映信息的作用路径图。由检验结果可知，城镇化对碳排放量的总效应，城镇化对中介变量人口规模、经济水平、专利申请量的作用，中介变量对碳排放量的直接效应等均统计显著，但城镇化对碳排放量的直接效应不显著，因此城镇化→人口规模→经济水平→专利申请量→碳排放量为完全中介效应。

由表 8 – 20 和图 8 – 3 的 ln$U$→ln$POPU$→ln$PATE$→lnGDP→lnCAR 作用路径的估计结果可知，在5%的显著性水平下，城镇化对碳排放量的总效应、各中介变量对碳排放量的直接效应、城镇化对中介变量的间接效应均显著，但城镇化对碳排放量的直接效应不显著，因此 ln$U$→ln$POPU$→ln$PATE$→lnGDP→lnCAR 存在显著的完全中介效应，故城镇化→人口规模→专利申请量→经济发展水平→碳排放量的链式中介作用效应显著。

表 8 - 19　　**lnU→lnPOPU→lnGDP→lnPATE→lnCAR 的作用路径检验结果**

变量	组内效应				组间效应			
	U	POPU	GDP	PATE	U × loucarbon	POPU × loucarbon	GDP × loucarbon	PATE × loucarbon
CAR (1)	46.5640*** [0.008]				-51.1737** [0.037]			
CAR (2)	0.5062*** [0]	1.1232*** [0]			-0.0587* [0.064]	-0.3474*** [0]		
CAR (3)	0.1048 [0.196]	0.4153*** [0]	0.6504*** [0]		0.1430 [0.254]	-0.8018*** [0]	-0.3358*** [0]	
CAR (4)	0.0988 [0.207]	0.3048*** [0]	0.8886*** [0]	-0.1667*** [0]	0.1001 [0.408]	-0.8754*** [0]	-0.9382*** [0]	-0.4631*** [0]
PATE (1)	0.6681*** [0]				-0.10218*** [0]			
PATE (2)	0.8454*** [0]	0.8925*** [0]			0.1000 [0.612]	-0.2225* [0.073]		
PATE (3)	-0.0364 [0.709]	-0.6628*** [0]	1.4289*** [0]		0.2016 [0.181]	-0.7874*** [0]	-0.1999** [0.021]	
GDP (1)	0.4009** [0.013]				-0.7721*** [0.026]			
GDP (2)	0.6171*** [0]	1.0885*** [0]			0.0178 [0.865]	-0.2826*** [0]		
POPU	-0.1986*** [0.003]				-0.8664*** [0]			

注：***，**，* 分别表示在 0.01、0.05、0.1 的显著性水平下统计显著。

表8-20　lnU→lnPOPU→lnPATE→lnGDP→lnCAR 的作用路径检验结果

变量	组内效应					组间效应		
	U	POPU	PATE	GDP	U×loucarbon	POPU×loucarbon	PATE×loucarbon	GDP×loucarbon
CAR (1)	46.5640*** [0.008]				-51.1737** [0.037]			
CAR (2)	0.5062*** [0]	1.1232*** [0]			-0.0587* [0.064]	-0.3474*** [0]		
CAR (3)	0.3947*** [0]	1.0055*** [0]	0.1319*** [0]		-0.2075 [0.104]	-0.1580* [0.071]	0.1435*** [0.001]	
CAR (4)	0.0988 [0.207]	0.3048*** [0]	-0.1667*** [0]	0.8886*** [0]	0.1001 [0.408]	-0.8754*** [0]	-0.4631*** [0]	-0.9382*** [0]
GDP (1)	0.4009** [0.013]				-0.7721** [0.026]			
GDP (2)	0.6171*** [0]	1.0885*** [0]			0.0178 [0.865]	-0.2826*** [0]		
GDP (3)	0.3330*** [0]	0.7886*** [0]	0.3360*** [0]		-0.0981 [0.203]	-0.4543*** [0]	-0.0870*** [0.001]	
PATE (1)	0.6681*** [0]				-0.10218*** [0]			
PATE (2)	0.8454*** [0]	0.8925*** [0]			0.1000 [0.612]	-0.2225* [0.073]		
POPU	-0.1986 [0.003]				-0.8664*** [0]			

注：***、**、*分别表示在0.01、0.05、0.1的显著性水平下统计显著。

表 8 - 21　$lnU \to lnGDP \to lnPATE \to lnPOPU \to lnCAR$ 的作用路径检验结果

变量	组内效应				组间效应			
	U	GDP	PATE	POPU	$U \times lowcarbon$	$GDP \times lowcarbon$	$PATE \times lowcarbon$	$POPU \times lowcarbon$
CAR (1)	46.5640 *** [0.008]				-51.1737 ** [0.037]			
CAR (2)	-0.0530 [0.553]	0.8382 *** [0]			-0.3602 ** [0.013]	-0.1186 * [0.058]		
CAR (3)	-0.0095 [0.913]	1.0660 *** [0]	-0.2018 *** [0]		0.2542 * [0.066]	-0.5817 *** [0]	-0.5666 *** [0]	
CAR (4)	0.0988 [0.207]	0.8886 *** [0]	-0.1667 *** [0]	0.3048 *** [0]	0.1001 [0.408]	-0.9382 *** [0]	-0.4631 *** [0]	-0.8754 *** [0]
POPU (1)	-0.1986 *** [0.003]				-0.8664 *** [0]			
POPU (2)	-0.3799 *** [0]	0.4522 *** [0]			0.4288 *** [0]	-0.0754 ** [0.028]		
POPU (3)	-0.3551 *** [0]	0.5821 *** [0]	-0.1150 *** [0]		-0.3940 *** [0]	-0.1296 ** [0.018]	-0.1731 *** [0]	
PATE (1)	0.6681 *** [0]				-0.10218 *** [0]			
PATE (2)	0.2154 ** [0.021]	1.1292 *** [0]			-0.0442 [0.768]	0.1655 ** [0.012]		
GDP	0.4009 ** [0.013]				-0.7721 ** [0.026]			

注: ***、**、* 分别表示在 0.01、0.05、0.1 的显著性水平下统计显著。

表8-22　　lnU→lnPATE→lnGDP→lnPOPU→lnCAR 的作用路径检验结果

变量	组内效应					组间效应		
	U	$PATE$	GDP	$POPU$	$U \times lowcarbon$	$PATE \times lowcarbon$	$GDP \times lowcarbon$	$POPU \times lowcarbon$
CAR (1)	46.5640*** [0.008]				-51.1737** [0.037]			
CAR (2)	0.0949 [0.349]	0.2816*** [0]			-0.2913* [0.070]	-0.3358*** [0]		
CAR (3)	-0.0095 [0.913]	-0.2018*** [0]	1.0660*** [0]		0.2542* [0.066]	-0.5666*** [0]	-0.5817*** [0]	
CAR (4)	0.0988 [0.207]	-0.1667*** [0]	0.8886*** [0]	0.3048*** [0]	0.1001 [0.408]	-0.4631*** [0]	-0.9382*** [0]	-0.8754*** [0]
$POPU$ (1)	-0.1986*** [0.003]				-0.8664*** [0]			
$POPU$ (2)	-0.2981*** [0]	0.1489*** [0]			0.4692*** [0]	0.1450*** [0]		
$POPU$ (3)	-0.3551*** [0]	0.1150*** [0]	0.5821*** [0]		-0.3940*** [0]	-0.1731*** [0]	-0.1296** [0.018]	
GDP (1)	0.4009** [0.013]				-0.7721** [0.026]			
GDP (2)	0.0980* [0.098]	0.4534*** [0]			-0.1941** [0.039]	-0.0678*** [0.010]		
$PATE$	0.6681*** [0]				-0.10218*** [0]			

注：***、**、* 分别表示在 0.01、0.05、0.1 的显著性水平下统计显著。

表 8 – 23　lnU→lnPATE→lnPOPU→lnGDP→lnCAR 的作用路径检验结果

变量	组内效应				组间效应			
	U	PATE	POPU	GDP	$U \times loucarbon$	$PATE \times loucarbon$	$POPU \times loucarbon$	$GDP \times loucarbon$
CAR (1)	46.5640*** [0.008]				-51.1737** [0.037]			
CAR (2)	0.0949 [0.349]	0.2816*** [0]			-0.2913* [0.070]	-0.3358*** [0]		
CAR (3)	0.3947*** [0]	0.1319*** [0]	1.0055*** [0]		-0.2075 [0.104]	0.1435*** [0.001]	-0.1580* [0.071]	
CAR (4)	0.0988 [0.207]	-0.1667*** [0]	0.3048*** [0]	0.8886*** [0]	0.1001 [0.408]	-0.4631*** [0]	-0.8754*** [0]	-0.9382*** [0]
GDP (1)	0.4009** [0.013]				-0.7721** [0.026]			
GDP (2)	0.0980* [0.098]	0.4534*** [0]			-0.1941** [0.039]	-0.0678*** [0.010]		
GDP (3)	0.3330*** [0]	0.3360*** [0]	0.7886*** [0]		-0.0981 [0.203]	-0.0870*** [0.001]	-0.4543*** [0]	
POPU (1)	-0.1986*** [0.003]				-0.8664*** [0]			
POPU (2)	-0.2981*** [0]	0.1489*** [0]			0.4692*** [0]	0.1450*** [0]		
PATE	0.6681*** [0]				-0.10218*** [0]			

注：***、**、* 分别表示在 0.01、0.05、0.1 的显著性水平下统计显著。

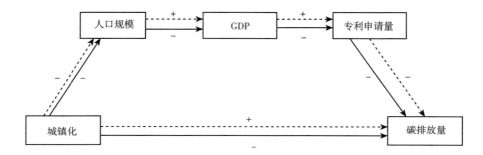

图 8 – 2   lnU→lnPOPU→lnPGDP→lnPATE→lnCAR 作用路径

资料来源：笔者整理。

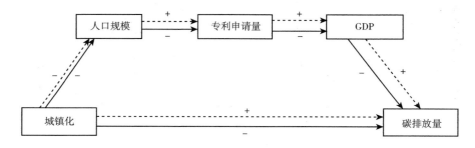

图 8 – 3   lnU→lnPOPU→lnPATE→lnGDP→lnCAR 作用路径

资料来源：笔者整理。

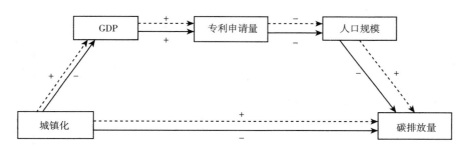

图 8 – 4   lnU→lnGDP→lnPATE→lnPOPU→lnCAR 作用路径

资料来源：笔者整理。

由表 8 – 21 和图 8 – 4 的 lnU→lnGDP→lnPATE→lnPOPU→lnCAR 作用路径的估计结果可知，在 5% 的显著性水平下，城镇化对碳排放量的总效应、各中介变量对碳排放量的直接效应、城镇化对中介变量的间接效应均显著，但城镇化对碳排放量的直接效应不显著，因此 lnU→lnGDP→

ln$PATE$→ln$POPU$→lnCAR 存在显著的完全中介效应，故城镇化→经济发展→专利申请量→人口规模→碳排放量的链式中介效应显著。

由表8－22和图8－5的作用路径图可知，在显著性为5%的水平下，城镇化对碳排放量的总效应和直接效应、各中介变量对碳排放量的直接效应、城镇化对各中介变量的间接效应均显著，但城镇化对碳排放量的直接效应不显著，故作用路径 ln$U$→ln$PATE$→lnGDP→ln$POPU$→lnCAR 为完全中介效应，因此城镇化→专利申请量→经济发展水平→人口规模→碳排放量的链式中介作用效应显著。

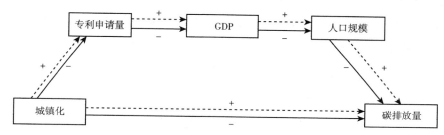

图8－5　ln$U$→ln$PATE$→lnGDP→ln$POPU$→lnCAR 作用路径

资料来源：笔者整理。

由表8－23和图8－6的作用路径图可知，在显著性为5%的水平下，城镇化对碳排放量的总效应和直接效应、各中介变量对碳排放量的直接效应、城镇化对各中介变量的间接效应均显著，但城镇化对碳排放量的直接效应不显著，故作用路径 ln$U$→ln$PATE$→ln$POPU$→lnGDP→lnCAR 为完全中介效应，因此城镇化→专利申请量→人口规模→经济发展水平→碳排放量的链式中介效应显著。

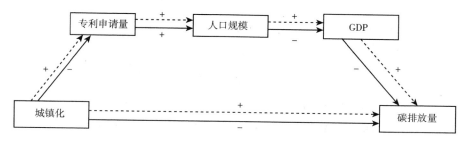

图8－6　ln$U$→ln$PATE$→ln$POPU$→lnGDP→lnCAR 作用路径

资料来源：笔者整理。

8.5.2 城镇化对碳排放强度的链式作用路径分析

本节探讨低碳试点城市的县—市两层结构下，城镇化对因变量碳排放强度的作用路径，并进行两层 HLM 模型中介效应检验。与城镇化对碳排放量的链式路径分析部分稍有不同的是，本部分选取的变量是人均经济发展水平（$PGDP$）、第二产业占比（SEC）、专利申请量（$PATE$）。选择人均 GDP 可以将人口与经济因素结合起来，用人均 GDP 来解释人口因素和经济规模的影响。结合前面几章的研究结果，提出城镇化对碳排放强度的理论链式中介作用路径：

（1）$\ln U \rightarrow \ln PGDP \rightarrow \ln SEC \rightarrow \ln PATE \rightarrow \ln CI$；

（2）$\ln U \rightarrow \ln SEC \rightarrow \ln PGDP \rightarrow \ln PATE \rightarrow \ln CI$；

（3）$\ln U \rightarrow \ln SEC \rightarrow \ln PATE \rightarrow \ln PGDP \rightarrow \ln CI$；

（4）$\ln U \rightarrow \ln PGDP \rightarrow \ln PATE \rightarrow \ln SEC \rightarrow \ln CI$；

（5）$\ln U \rightarrow \ln PATE \rightarrow \ln PGDP \rightarrow \ln SEC \rightarrow \ln CI$；

（6）$\ln U \rightarrow \ln PATE \rightarrow \ln SEC \rightarrow \ln PGDP \rightarrow \ln CI$。

运用 HLM 6.08 软件对链式中介效应进行检验，各链式中介效应的检验结果见表 8 – 24 ~ 表 8 – 29，相应的作用路径图如图 8 – 7 ~ 图 8 – 12 所示。

表 8 – 24 中，CI（1）表示城镇化对碳排放强度的总效应估计结果，CI（2）、CI（3）和 CI（4）分别表示考虑加入中介变量，即人口经济、产业结构和技术因素的城镇化对碳排放强度的直接效应估计结果。

根据 CI（1）~ CI（4）的估计结果可以从两个方面进行分析。对于 CI（1），首先是组内效应，城镇化对碳排放强度存在正向影响，系数值为 13.0100；其次是组间效应，即在低碳试点城市下，城镇化水平在不同市域之间的组间差异对碳排放强度产生的影响，系数值为 – 0.0502；不管是组间效应还是组内效应，系数值在 10% 的显著性水平下显著。对于 CI（2），加入经济因素后，城镇化水平的组内差异对碳排放量的作用系数值为 14.2836，

表 8-24 lnU→lnPGDP→lnSEC→lnPATE→lnCI 的作用路径结果

变量	组内效应				组间效应			
	U	PGDP	SEC	PATE	U × loucarbon	PGDP × loucarbon	SEC × loucarbon	PATE × loucarbon
CI (1)	13.0100 *** [0]				-0.0502 * [0.072]			
CI (2)	14.2836 *** [0]	0.0429 ** [0.041]			-2.1337 ** [0.017]	-0.8584 *** [0]		
CI (3)	0.0908 * [0.074]	-0.3276 *** [0]	1.5175 *** [0]		0.0293 [0.702]	-0.2636 *** [0]	-0.5223 *** [0]	
CI (4)	0.0596 [0.231]	-0.1183 *** [0.005]	1.5316 *** [0]	-0.1410 *** [0]	0.0681 [0.373]	0.0696 [0.277]	-0.5282 *** [0]	-0.1311 *** [0]
PATE (1)	0.5773 *** [0]				-1.1268 *** [0]			
PATE (2)	-0.2216 * [0.074]	1.4840 *** [0]			-1.4355 *** [0]	-0.5419 *** [0]		
PATE (3)	-0.2211 * [0.051]	1.4838 *** [0]	0.1000 [0.575]		-0.9893 *** [0]	0.0580 [0.596]	0.7333 *** [0]	
SEC (1)	0.0965 * [0.098]				-0.1767 * [0.081]			
SEC (2)	-0.0047 [0.941]	0.0014 [0.971]			-0.5396 ** [0]	-0.7211 *** [0]		
PGDP	0.5686 *** [0]				-0.0680 * [0.069]			

注：***、**、* 分别表示在 0.01、0.05、0.1 的显著性水平下统计显著。

表 8 - 25　　lnU→lnSEC→lnPGDP→lnPATE→lnCI 的作用路径结果

变量	组内效应				组间效应			
	U	SEC	PGDP	PATE	U×lowcarbon	SEC×lowcarbon	PGDP×lowcarbon	PATE×lowcarbon
CI (1)	13.0100*** [0]				-0.0502* [0.072]			
CI (2)	-01057** [0.034]	1.5145*** [0]			-0.1893** [0.012]	-0.4956*** [0]		
CI (3)	0.0908* [0.074]	1.5175*** [0]	-0.3276*** [0]		0.0293 [0.702]	-0.5223*** [0]	-0.2636*** [0]	
CI (4)	0.0596 [0.231]	1.5316*** [0]	-0.1183*** [0.005]	-0.1410*** [0]	0.0681 [0.373]	-0.5282*** [0]	0.0696 [0.277]	-0.1311*** [0]
PATE (1)	0.5773*** [0]				1.1268*** [0]			
PATE (2)	0.6685*** [0]	0.1136* [0.063]			0.9768*** [0]	-0.1470* [0.054]		
PATE (3)	-0.2211* [0.051]	0.1000 [0.575]	1.4838*** [0]		-0.9893*** [0]	0.7333*** [0]	0.0580 [0.596]	
PGDP (1)	0.5686*** [0]				-0.0680* [0.069]			
PGDP (2)	0.5996*** [0]	0.0082 [0.931]			-0.0307* [0.074]	-0.3806*** [0.001]		
SEC	0.0965* [0.098]				-0.1767* [0.081]			

注：***、**、* 分别表示在 0.01、0.05、0.1 的显著性水平下统计显著。

表 8－26　lnU→lnSEC→lnPATE→lnPGDP→lnCI 的作用路径结果

变量	组内效应				组间效应			
	U	SEC	PATE	PGDP	U × lowcarbon	SEC × lowcarbon	PATE × lowcarbon	PGDP × lowcarbon
CI (1)	13.0100 *** [0]				-0.0502 * [0.072]			
CI (2)	-01057 ** [0.034]	1.5145 *** [0]			-0.1893 ** [0.012]	-0.4956 *** [0]		
CI (3)	0.0127 [0.584]	1.5346 *** [0]	-0.1771 *** [0]		0.1098 [0.142]	-0.5095 *** [0]	-0.1534 *** [0]	
CI (4)	0.0596 [0.231]	1.5316 *** [0]	-0.1410 *** [0]	-0.1183 *** [0.005]	0.0681 [0.373]	-0.5282 *** [0]	-0.1311 *** [0]	0.0696 [0.277]
PGDP (1)	0.5686 *** [0]				-0.0680 * [0.069]			
PGDP (2)	0.5996 *** [0]	0.0082 [0.931]			-0.0307 * [0.074]	-0.3806 *** [0.001]		
PGDP (3)	0.3959 *** [0]	-0.0255 [0.747]	0.3046 *** [0]		-0.2903 *** [0]	-0.4194 *** [0]	-0.0231 ** [0.027]	
PATE (1)	0.5773 *** [0]				1.1268 *** [0]			
PATE (2)	0.6685 *** [0]	0.1136 * [0.063]			0.9768 *** [0]	-0.1470 * [0.054]		
SEC	0.0965 * [0.098]				-0.1767 * [0.081]			

注：***、**、* 分别表示在 0.01、0.05、0.1 的显著性水平下统计显著。

表 8-27　　$\ln U \rightarrow \ln PGDP \rightarrow \ln PATE \rightarrow \ln SEC \rightarrow \ln CI$ 的作用路径结果

变量	组内效应					组间效应		
	U	$PGDP$	$PATE$	SEC	$U \times lowcarbon$	$PGDP \times lowcarbon$	$PATE \times lowcarbon$	$SEC \times lowcarbon$
CI (1)	13.0100*** [0]				-0.0502* [0.072]			
CI (2)	14.2836*** [0]	0.0429** [0.041]			-2.1337** [0.017]	-0.8584*** [0]		
CI (3)	0.0543 [0.483]	-0.1294** [0.045]	-0.1321*** [0]		0.1675 [0.160]	-0.9848*** [0]	-0.4867*** [0]	
CI (4)	0.0596 [0.231]	-0.1183*** [0.005]	-0.1410*** [0]	1.5316*** [0]	0.0681 [0.373]	0.0696 [0.277]	-0.1311*** [0]	-0.5282*** [0]
SEC (1)	0.0965* [0.098]				-0.1767* [0.081]			
SEC (2)	-0.0047 [0.941]	0.0014 [0.971]			-0.5396** [0]	-0.7211*** [0.000]		
SEC (3)	-0.0034 [0.950]	-0.0072 [0.874]	0.0058 [0.777]		-0.0973** [0.024]	-1.0547*** [0]	0.3574*** [0]	
PATE (1)	0.5773*** [0]				1.1268*** [0]			
PATE (2)	-0.2216* [0.074]	1.4840*** [0]			-1.4355*** [0]	-0.5419*** [0]		
PGDP	0.5686*** [0]				-0.0680* [0.069]			

注：***、**、* 分别表示在 0.01、0.05、0.1 的显著性水平下统计显著。

表 8 – 28　　lnU→lnPATE→lnPGDP→lnSEC→lnCI 的作用路径结果

变量	组内效应					组间效应		
	U	PATE	PGDP	SEC	U × lowcarbon	PATE × lowcarbon	PGDP × lowcarbon	SEC × lowcarbon
CI (1)	13.0100 *** [0]				-0.0502 * [0.072]			
CI (2)	0.0031 [0.988]	-0.1715 *** [0]			-0.0839 * [0.076]	-0.2728 *** [0]		
CI (3)	0.0543 [0.483]	-0.1321 *** [0]	-0.1294 ** [0.045]		0.1675 [0.160]	-0.4867 *** [0]	-0.9848 *** [0]	
CI (4)	0.0596 [0.231]	-0.1410 *** [0]	-0.1183 *** [0.005]	1.5316 *** [0]	0.0681 [0.373]	-0.1311 *** [0]	0.0696 [0.277]	-0.5282 *** [0]
SEC (1)	0.0965 * [0.098]				-0.1767 * [0.081]			
SEC (2)	-0.0063 [0.927]	0.0036 [0.858]			-0.0284 * [0.079]	0.1182 * [0]		
SEC (3)	-0.0034 [0.950]	0.0058 [0.777]	-0.0072 [0.874]		-0.0973 ** [0.024]	0.3574 *** [0]	-1.0547 *** [0]	
PGDP (1)	0.5686 *** [0]				-0.0680 * [0.069]			
PGDP (2)	0.3661 *** [0]	0.3045 *** [0]			-0.2750 *** [0.002]	-0.0772 *** [0.002]		
PATE	0.5773 *** [0]				1.1268 *** [0]			

注：***、**、* 分别表示在 0.01、0.05、0.1 的显著性水平下统计显著。

表8-29 lnU→lnPATE→lnSEC→lnPGDP→lnCI 的作用路径结果

变量	组内效应				组间效应			
	U	PATE	SEC	PGDP	U × lowcarbon	PATE × lowcarbon	SEC × lowcarbon	PGDP × lowcarbon
CI (1)	13.0100 *** [0]				-0.0502 * [0.072]			
CI (2)	0.0031 [0.988]	-0.1715 *** [0]			-0.0839 * [0.076]	-0.2728 *** [0]		
CI (3)	0.0127 [0.584]	-0.1771 *** [0]	1.5346 *** [0]		0.1098 [0.142]	-0.1534 *** [0]	-0.5095 *** [0]	
CI (4)	0.0596 [0.231]	-0.1410 *** [0]	1.5316 *** [0]	-0.1183 *** [0.005]	0.0681 [0.373]	-0.1311 *** [0]	-0.5282 *** [0]	0.0696 [0.277]
PGDP (1)	0.5686 *** [0]				-0.0680 * [0.069]			
PGDP (2)	0.3661 *** [0]	0.3045 *** [0]			-0.2750 *** [0.002]	-0.0772 *** [0.002]		
PGDP (3)	0.3959 *** [0]	0.3046 *** [0]	-0.0255 [0.747]		-0.2903 *** [0]	-0.0231 * [0.027]	-0.4194 *** [0]	
SEC (1)	0.0965 * [0.098]				-0.1767 * [0.081]			
SEC (2)	-0.0063 [0.927]	0.0036 [0.858]			-0.0284 * [0.079]	0.1182 *** [0]		
PATE	0.5773 *** [0]				1.1268 *** [0]			

注：***、**、*分别表示在0.01、0.05、0.1的显著性水平下统计显著。

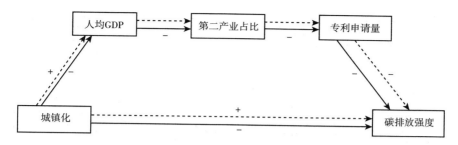

图 8 - 7　$\ln U \rightarrow \ln PGDP \rightarrow \ln SEC \rightarrow \ln PATE \rightarrow \ln CI$ 作用路径

资料来源：笔者整理。

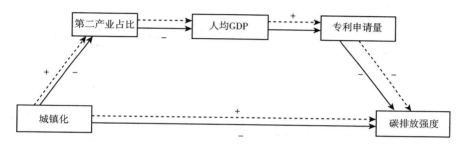

图 8 - 8　$\ln U \rightarrow \ln SEC \rightarrow \ln PGDP \rightarrow \ln PATE \rightarrow \ln CI$ 作用路径

资料来源：笔者整理。

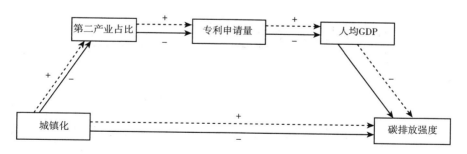

图 8 - 9　$\ln U \rightarrow \ln SEC \rightarrow \ln PATE \rightarrow \ln PGDP \rightarrow \ln CI$ 作用路径

资料来源：笔者整理。

人均 GDP 对碳排放强度的作用为正，系数值为 0.0429，两者均对碳排放强度有正向作用，且在显著性为 5% 的水平下显著；在低碳试点城市下，城镇化和人均 GDP 的组间差异对碳排放强度有显著的负向作用，其系数值分别为 - 2.1337、- 0.8584。对于 CI（3），分别考虑人均 GDP 和第二产业占比这两个中介变量后，城镇化对碳排放强度的直接作用来自组内差异，

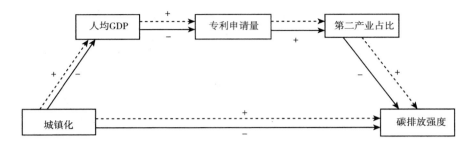

图 8 – 10   ln$U$→ln$PGDP$→ln$PATE$→lnSEC→lnCI 作用路径

资料来源：笔者整理。

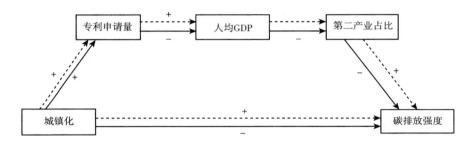

图 8 – 11   ln$U$→ln$PATE$→ln$PGDP$→lnSEC→lnCI 作用路径

资料来源：笔者整理。

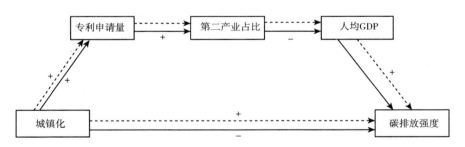

图 8 – 12   ln$U$→ln$PATE$→lnSEC→ln$PGDP$→lnCI 作用路径

资料来源：笔者整理。

系数值为 0.0908，同时由检验结果得出人均 GDP 和第二产业占比对碳排放强度的效应值来自组内和组间差异，对于组内差异人均 GDP 对碳排放强度有负向影响，则第二产业占比对碳排放强度的作用效应则相反，而组间差异，人均 GDP 和第二产业占比，在低碳试点城市的作用下，均能降低碳排放强度的增加，组间和组内差异的系数值均在 10% 的显著性水平下显著。

对于 CI（4），考虑了链式中介效应所分析的所有中介变量后的结果。城镇化发展无论是从组内差异还是组间差异，其系数值在 5% 的显著性水平下不显著，人均 GDP 仅从组内差异对碳排放强度有影响，人均 GDP 的提高会降低碳排放强度，第二产业占比和专利申请量从两个部分对碳排放强度进行影响，其中第二产业占比的提高能推高碳排放强度，专利申请量的提高会降低碳排放强度；在低碳试点城市下，第二产业占比和专利申请量均对碳排放强度有负向作用。

根据 $PATE$（1）~ $PATE$（3）的估计结果进行分析。对于 $PATE$（1），城镇化对专利申请量的效应结果由组内差异和组间差异两部分组成，组内差异的系数值为正，表明城镇化对专利申请量有正向作用，但考虑了低碳试点城市后，城镇化的发展却能抑制专利申请量的提高，表明了目前我国技术产品还大多以高碳产品为主，同时二者系数效应值均在 1% 的显著性水平下显著。对于 $PATE$（2），即考虑了人均 GDP 因素后，城镇化对专利申请量的直接作用同样来自组内和组间差异两部分，组内差异和组间差异的系数值均为负值，则说明考虑了人均 GDP 后，城镇化对专利申请量有负向效应，但是组间差异的作用系数值高于组内差异，城镇化对专利申请量的直接效应值分别为 −0.2216、−1.4355；同时人口因素对专利申请量的作用由组间差异和组内差异决定，组内差异的系数值为正值，故而表明存在正向作用，对于高尺度地区，人口经济的发展会阻碍技术水平的提高，其系数值在 1% 的显著性水平下显著。对于 $PATE$（3），在 $PATE$（2）的基础上，又加入了第二产业占比这个中介变量，城镇化对专利申请量的作用关系同 $PATE$（2）一致，人均 GDP 对专利申请量仅从组内差异产生正向影响，第二产业占比对专利申请量则从组间变异有正的影响，从而表明在低碳试点城市下，第二产业的发展会使得专利申请量增加。

根据 SEC（1）和 SEC（2）模型的估计结果，城镇化水平的提高，使得第二产业占比提高，城镇化对第二产业占比的作用影响由组内和组间差异决定，但对于低碳试点城市，城镇化的发展会抑制第二产业的增长。加入人均 GDP 后，人均 GDP 对第二产业占比存在正向影响，城镇化对人口规模则在 5% 的显著性水平不显著；但对于低碳试点城市，城镇化和人均

GDP 均能降低第二产业的发展。

　　PGDP 模型结果表明，城镇化从县、市两个尺度影响人口经济，且在 10% 的显著性水平，城镇化水平对 *PGDP* 的组内差异存在显著的正向影响，但城镇化对 *PGDP* 的组间变异则是负向关系。

　　根据 *SEC*（1）、*SEC*（2）、*PGDP* 模型结果，其作用路径形式为 $\ln U \rightarrow \ln PGDP \rightarrow \ln SEC$。效应值来源于组内变异和组间变异两部分。对于第一部分，由组内差异导致的中介效应。城镇化对人均 GDP 的中介效应在 1% 显著性水平下显著，同时城镇化对第二产业占比的总效应系数值在 10% 的显著性水平下显著，城镇化对第二产业占比的直接效应以及人均 GDP 对第二产业占比的直接效应在 5% 的显著性水平下不显著，故不存在组内差异的中介效应。对于第二部分组间差异的中介效应，即考虑了低碳试点城市后，城镇化对第二产业占比的总效应为 - 0.1767，直接效应为 - 0.5396，城镇化对人均 GDP 的中介效应值为 - 0.0680，在 10% 的显著性水平下显著，人均 GDP 对第二产业的直接作用 - 0.7211 也在 1% 的显著性水平下显著，故存在组间变异的中介效应，且为部分中介效应。由前文可知，HLM 模型的中介效应由组内变异和组间差异共同作用，因此 $\ln U \rightarrow \ln PGDP \rightarrow \ln SEC$ 的作用路径显著。

　　PATE（1）、*PATE*（2）、*PATE*（3）、*SEC*（1）、*SEC*（2）、*PGDP* 模型估计结果可得出其作用路径为 $\ln U \rightarrow \ln PGDP \rightarrow \ln SEC \rightarrow \ln PATE$。城镇化对专利申请量的总效应和直接效应从组内变异与组间变异共同作用，且作用系数值均在 5% 的显著性水平下显著，人均 GDP 对专利申请量的直接效应则从组内差异进行影响，而第二产业占比对专利申请量的直接效应由组间变异影响，同时由 $\ln U \rightarrow \ln PGDP \rightarrow \ln SEC$ 的检验结果知道其作用路径显著，因此作用路径 $\ln U \rightarrow \ln PGDP \rightarrow \ln SEC \rightarrow \ln PATE$ 在 10% 的显著性下显著。

　　CI（1）、*CI*（2）、*CI*（3）、*CI*（4）、*PATE*（1）、*PATE*（2）、*PATE*（3）、*SEC*（1）、*SEC*（2）、*PGDP* 的估计结果可知其作用路径为 $\ln U \rightarrow \ln PGDP \rightarrow \ln SEC \rightarrow \ln PATE \rightarrow \ln CI$。其中，城镇化对碳排放强度的总效应从组内和组间变异两部分作用，且其作用系数值均在 10% 的显著性下显著，但城镇化对碳排放强度的直接效应无论是从组内变异还是组间差异均在 10% 的显著性

水平下不显著；人均 GDP、第二产业占比以及专利申请量对碳排放强度的直接效应从组内变异和组间变异的某一方均能通过检验，同时由前述部分可知 $\ln U \to \ln PGDP \to \ln SEC \to \ln PATE$ 的作用路径显著，因此 $\ln U \to \ln PGDP \to \ln SEC \to \ln PATE \to \ln CI$ 存在完全中介效应，故作用路径显著。

　　根据表 8－24 的估计结果，其链式中介效应作用路径图可表示为图 8－7，其中虚线表示组内效应，实线表示组间效应。

　　对于中介变量人均 GDP、第二产业占比以及专利申请量在链式中介效应中进行不同位置的变换，进而探究城镇化对碳排放强度的链式中介效应。检验结果如表 8－25～表 8－29 所示，分析步骤同表 8－24，从而其相应的作用路径如图 8－8～图 8－12 所示。

　　通过表 8－25 和图 8－8 所展示的信息可知，城镇化对碳排放强度的总效应在 10% 的显著性水平下显著，城镇化对中介变量的中介效应也能在显著性水平下显著，对于城镇化与碳排放强度的直接效应，由表 8－25 的检验结果可知，在 10% 的显著性下不显著，故城镇化→第二产业占比→人口经济发展→专利申请量→碳排放强度存在完全中介效应，从而说明 $\ln U \to \ln SEC \to \ln PGDP \to \ln PATE \to \ln CI$ 的作用路径显著。

　　通过表 8－26 和图 8－9 所展示的信息可知，城镇化对碳排放强度的总效应在 10% 的显著性水平下显著，城镇化对中介变量的中介效应也能在显著性水平下显著，对于城镇化与碳排放强度的直接效应，由表 8－26 的检验结果可知，在 10% 的显著性水平下不显著，故城镇化→第二产业占比→专利申请量→人均 GDP→碳排放强度存在完全中介效应，从而说明 $\ln U \to \ln SEC \to \ln PATE \to \ln PGDP \to \ln CI$ 的作用路径显著。

　　通过表 8－27 和图 8－10 所展示的信息可知，城镇化对碳排放强度的总效应在 10% 的显著性水平下显著，城镇化对中介变量的中介效应也能在显著性水平下显著，对于城镇化与碳排放强度的直接效应，由表 8－27 的检验结果可知，在 10% 的显著性水平下不显著，故城镇化→人均 GDP→专利申请量→第二产业占比→碳排放强度存在完全中介效应，从而说明 $\ln U \to \ln PGDP \to \ln PATE \to \ln SEC \to \ln CI$ 的作用路径显著。

　　通过表 8－28 和图 8－11 所展示的信息可知，城镇化对碳排放强度的总效应在 10% 的显著性水平下显著，城镇化对中介变量的中介效应也能在显著性水平下显著，对于城镇化与碳排放强度的直接效应，由表 8 - 28 的检验结果可知，在 10% 的显著性下不显著，故城镇化→专利申请量→人均 GDP→第二产业占比→碳排放强度存在完全中介效应，从而说明 $\ln U$→$\ln PATE$→$\ln PGDP$→$\ln SEC$→$\ln CI$ 的作用路径显著。

通过表 8 - 29 和图 8 - 12 所展示的信息可知，城镇化对碳排放强度的总效应在 10% 的显著性水平下显著，城镇化对中介变量的中介效应同样显著，对于城镇化与碳排放强度的直接效应，由表 8 - 29 的检验结果可知，在 10% 的显著性下不显著。故城镇化→专利申请量→第二产业占比→人均 GDP→碳排放强度存在完全中介效应，从而说明 $\ln U$→$\ln PATE$→$\ln SEC$→$\ln PGDP$→$\ln CI$ 的作用路径显著。

8.6　本章小结

本章构建 HLM 模型，从多空间尺度纵向关联视角深入探讨了城镇化对碳排放量与碳排放强度的作用机理问题。得到以下主要结论。

（1）无论是基本零模型还是带时间项的零模型，检验结果均表明建立 HLM 模型是合理、必要的，数据间存在嵌套关系，且带时间项的零模型的估计结果更为精确。

（2）城镇化发展对于碳排放量与碳排放强度的总效应，无论是组内变异还是组间变异，两者均存在，且统计显著，城镇化发展对于碳排放量与碳排放强度具有显著的正向效应，但考虑了低碳试点城市的影响后，城镇化的发展对碳排放量或碳排放强度有抑制作用。

（3）城镇化水平对于生产方面、生活方面、技术水平等三个中介变量的组内与组间差异所产生的直接效应均显著存在。

（4）城镇化发展对碳排放量的作用路径。在 5% 的显著性水平下，城镇化水平 $\rightleftarrows$ GDP（第二产业占比、对外贸易水平、人口规模、就业人口水平、专利申请量）→碳排放量，城镇化水平→第三产业占比（能源强度）→碳排放量的作用路径显著，但第三产业占比（能源强度）→城镇化水平→碳排放量的作用路径不显著。

（5）城镇化发展对碳排放强度的作用路径。在5%的显著性水平下，城镇化水平 $\rightleftarrows$ GDP（第二产业占比、对外贸易水平、人口规模、就业人口水平、专利申请量）→碳排放强度，城镇化水平→第三产业占比→碳排放强度的作用路径显著，但第三产业占比→城镇化水平→碳排放强度的作用路径不显著。

（6）城镇化发展对碳排放量的链式中介效应。在显著性水平为5%的情况下，城镇化→经济水平→人口规模→专利申请量→碳排放量，城镇化→人口规模→经济水平→专利申请量→碳排放量，城镇化→人口规模→专利申请量→经济水平→碳排放量，城镇化→经济水平→专利申请量→人口规模→碳排放量，城镇化→专利申请量→经济水平→人口规模→碳排放量，城镇化→专利申请量→人口规模→经济水平→碳排放量的作用路径显著存在。

（7）城镇化发展对碳排放强度的链式中介效应。在5%的显著性水平下，城镇化→人均经济水平→第二产业→专利申请量→碳排放强度，城镇化→第二产业占比→人均经济水平→专利申请量→碳排放强度，城镇化→第二产业占比→专利申请量→人均经济水平→碳排放强度，城镇化→人均经济水平→专利申请量→第二产业占比→碳排放强度，城镇化→专利申请量→人均经济水平→第二产业占比→碳排放强度，城镇化→专利申请量→第二产业占比→人均经济水平→碳排放强度的作用路径显著。

第 *9* 章

研究结论与建议

本书基于整体、省域、市域和县域多尺度空间视角，运用时间序列方法、空间计量经济学方法、HLM 模型、中介效应检验等多种方法，全面、深入地探索了长三角城市群的城镇化发展对碳排放的作用机理。本书的研究得到了关于长三角城市群城镇化发展对碳排放作用机理的重要结论，基于此提出了相应的政策建议。

9.1　研究结论

本书深入系统地研究了长三角城镇化发展对碳排放的作用机理。首先，分析了长三角城市群的城镇化发展和碳排放现状；其次，对长三角城镇化发展评价的两个重要方面，即耦合协调性与收敛性问题进行了研究；再其次，基于时间序列数据从城市群整体尺度分析了城镇化发展对碳排放的作用机理；然后，构建基于同尺度空间关联效应，深入探讨了城镇化对碳排放的影响与尺度效应；最后，构建了考虑了多尺度纵向关联的 HLM 模型，从多尺度关联角度系统研究了城镇化对碳排放的作用路径。具体来说，得到的主要结论包括以下六个方面。

（1）长三角城镇化与碳排放现状。

第一，从长三角的城镇化发展来看，各省之间以及省内各城市之间的城镇化水平差异较大。具体来看，上海的城镇化水平明显高于江苏省和浙江省；越靠近上海区域的城镇化水平越高，城镇化水平较低区域的未来发展存在巨大潜力。

第二，从长三角的碳排放现状来看，2008～2011 年省域尺度下三大区域的碳排放水平均呈现震荡上升的趋势，2011 年后碳排放水平逐渐趋于稳定，其中江苏省的碳排放水平最高，上海、浙江的碳排放水平相差较小。市域尺度下长三角城市群呈现出明显的区域性差异，中部地区碳排放量高，北部与南部的碳排放量相对比较低。县域尺度下，上海市内各区碳排放量的差异不大，浙江省县域间的碳排放量差异小于江苏省。

（2）长三角四维城镇化发展的耦合协调性。

第一，长三角城市群的人口城镇化指数的均值大于土地、经济、社会城镇化指数均值，这在一定程度上说明长三角地区的人口城镇化发展较为成熟。其中，人口城镇化指数自 2005 年起持续增长，但 2015 年有所下降，而土地、经济和社会城镇化指数从 2013 年开始呈现下降趋势。

第二，长三角城市群"人口—土地—经济—社会城镇化"耦合协调度存在一定的差异且协调度有待提高。2005～2013 年长三角地区各个城市的耦合协调程度逐年增加，2013 年后的耦合协调度逐渐减弱。

（3）长三角城镇化发展的收敛性。

第一，城镇化和人口流动有着较强的相关性，城镇化发展水平越高的地区产生的人口吸引力越大，而城镇化水平较低地区的人口则倾向于流向外地。

第二，长三角城市群内部的城镇化水平虽然存在一定的差异，但各地区的城镇化发展差距在逐步缩小，且存在绝对收敛和条件收敛趋势。

第三，人口流动对长三角的城镇化收敛起到了一定的加速作用，人口净流入对城镇化的增长率有显著的负向作用。伴随着人口的流入和流出，长三角城市群的城镇化发展进程逐渐趋于平稳。

（4）城市群整体尺度下城镇化发展对碳排放的作用。

第一，城镇化、经济发展、产业结构和碳排放量（碳排放强度）之间存在长期稳定的均衡关系，其与碳排放量之间均存在反向修正机制，城镇化与碳排放强度之间也存在反向修正机制。城镇化、经济发展和产业结构均是碳排放的格兰杰原因。

第二，从城镇化的时变作用来看，长三角城镇化变动对碳排放量的影响由短期的负向效应快速转变为长期的正向作用，城镇化对碳排放强度总体上具有正向影响。

第三，存在城镇化→经济发展水平→碳排放，城镇化→产业结构→碳排放两条显著的作用路径，经济发展水平在城镇化影响碳排放量和碳排放强度的过程中均具有显著的正向中介效应，其中介效应占总效应的比例分别是79.64%和54.99%；同样地，产业结构在城镇化影响碳排放量和碳排放强度的过程中也表现为显著的正向中介效应，其中第二产业的中介效应在城镇化影响碳排放量和碳排放强度的总效应中的占比分别为62.22%和60.60%，第三产业的中介效应在城镇化影响碳排放量、碳排放强度的路径中分别占总效应的比重为71.25%、53.88%。

（5）同尺度空间关联下长三角城镇化发展对碳排放的作用。

第一，长三角碳排放的最佳空间尺度是县域尺度。

第二，长三角城市群的碳排放量具有显著的正向空间相关性。

第三，存在城镇化→第二产业占比（第三产业占比、经济发展水平）→碳排放的作用路径，其中第二、第三产业占比和经济发展水平均具有显著的正向中介效应。

第四，就城镇化的中介作用而言，第二产业占比→城镇化→碳排放的作用路径不显著，在第三产业占比→城镇化→碳排放的作用路径中，城镇化的中介效应不显著，存在经济发展水平→城镇化→碳排放的显著的作用路径，其中城镇化具有部分正向中介效应。

第五，不存在显著的城镇化→社会就业水平→经济发展水平→碳排放的链式中介效应。

（6）多尺度纵向关联下长三角城镇化发展对碳排放的作用。

第一，城镇化发展对碳排放量与碳排放强度具有显著的正向效应，而低碳试点城市的城镇化发展则对碳排放具有抑制作用。

第二，从并行中介效应来看，城镇化水平 $\rightleftarrows$ GDP（第二产业占比、对外贸易水平、人口规模、就业人口、专利申请量）→碳排放量，城镇化水平→第三产业占比→碳排放的作用路径显著，但第三产业占比→城镇化水平→碳排放的作用路径不显著。

第三，从链式中介效应来看，城镇化→经济水平→人口规模→专利申请量→碳排放量，城镇化→人口规模→经济水平→专利申请量→碳排放量，城镇化→人口规模→专利申请量→经济水平→碳排放量，城镇化→经济水平→专利申请量→人口规模→碳排放量，城镇化→专利申请量→经济水平→人口规模→碳排放量，城镇化→专利申请量→人口规模→经济水平→碳排放量的作用路径均显著存在；对碳排放强度来说，城镇化→人均经济水平→第二产业占比→专利申请量→碳排放强度，城镇化→第二产业占比→人均经济水平→专利申请量→碳排放强度，城镇化→第二产业占比→专利申请量→人均经济水平→碳排放强度，城镇化→人均经济水平→专利申请量→第二产业占比→碳排放强度，城镇化→专利申请量→人均经济水平→第二产业占比→碳排放强度，城镇化→专利申请量→第二产业占比→人均经济水平→碳排放强度的作用路径均显著。总之，城镇化发展均会通过生产、生活、技术水平等方面间接影响碳排放量与碳排放强度。

9.2 政策建议

结合本书的研究结论，依据现阶段长三角城镇化发展与碳排放特征，提出长三角城镇化、碳减排以及区域协调发展的相关建议。

（1）提高多维城镇化发展的耦合协调性。

首先，应发挥扬州、杭州、台州等耦合协调度较高城市的集聚效应，带动周边城市的经济发展，通过经济的发展带动城镇化水平与质量的提高。其次，各城市的城镇化仍具有很大的发展空间，各地区需要有效落实国家新型城镇化发展的相关规划，特别是城乡户籍制度以及城乡土地制度改革，杜绝地方政府的投机行为，大力发展经济，关注社会城镇化的发展。最后，扩大城镇公共服务的覆盖面积，进一步改善城镇新增人口的住房、就业、医疗和教育等生活条件，促进社会城镇化的发展，同时尽可能使城镇新增人口与原住人口享受同等待遇，维护其基本权利。

（2）提高落后地区的城镇化发展水平，缩小城镇化区域差异。

城乡之间由于教育水平、基础设施、社会福利、就业机会以及收入等方面的差异，导致农村人口更倾向于向城镇发展。然而，伴随着过度的人口转移，城镇化发展初期人口集聚具有的规模经济效应消失，交通拥挤和环境污染等负面效应涌现，人口迁移放缓甚至出现逆城镇化现象。再加上新农村建设和农村生产率的提高，吸引劳动力回流，缩小了城乡差距。长三角城镇化发展的收敛性分析也表明区域间城镇化水平呈现出不断缩小的趋势。因此，政府应加强宏观调控作用，推动新农村建设，通过政策优惠和帮扶，在基础设施投资和社会福利等方面实现与发达地区的趋同发展，由此带动落后地区城镇化水平的提高，不断增强长三角城市群城镇化的收敛性，缩小城镇化区域差距。

（3）适当控制城镇化的速度和规模，兼顾环境效应。

由状态空间模型的时变作用分析得出，短期内长三角城镇化变动对碳排放量的影响为负，而长期则表现为正向作用。适度的城镇化发展具有提高效率、共享基础设施等规模效应，能有效缓解环境压力，但城镇化的承载能力有限，过度的城镇化会加剧城市的拥挤效应，不利于节能减排。作为我国城镇化水平最高的地区之一，长三角应转变城镇化发展战略，避免过多地强调城镇化发展速度和规模，应在城镇化水平稳步提高的同时，更加注重城镇化发展的质量，提高城市的综合实力，降低城镇化对碳排放的贡献度。因此，可以通过多种方式推动城市的绿色发展，如推进城市轨道列车建设以及鼓励节能汽车来倡导低碳出行、宣传低碳消费观念和低碳生活方式等。

（4）重视城镇化降碳效应的实现路径，优化低碳发展模式。

当前，长三角的城镇化发展对碳排放的增长具有推动作用，但这并不表明单纯降低城镇化发展水平就可以减少碳排放。由于城镇化本身就是一个涉及多种因素和多个领域的复杂系统，对碳排放也存在多角度的影响且作用程度和方向都不尽相同。真正影响碳排放的主要是城镇化的发展方式和实现路径，如城镇化 ⇄ 经济发展水平（或产业结构、对外开放度、就业水平、技术水平）→碳排放等，因此，城镇化进程中应系统分析各个因素对环境的影响程度，管制产生大量碳排放的具体环节或因素，充分协调城镇化与相关因素间的差异性和关联性，不断优化城镇化的低碳发展模式，发挥降碳效应，最终达到节能减排与低碳发展的目标。

（5）考虑碳排放的空间关联性，推动区域协调发展。

长三角城市群的碳排放在空间维度上具有一定的依赖性，周边地区碳排放的变化将会导致本地区碳排放的同向变化。这意味着，各地区政府在制定相关政策措施时，需要充分考虑到地区之间碳排放的联动性，有效发挥环境规制在节能减排方面的正向外溢性，并鼓励本地区与周边地区共建低碳发展体系。更重要的是，强烈反对"以邻为壑"，加强区域间的协调和互助，城镇化优先发展的地区应发挥碳减排的"示范作用"，在拉动落后地区经济发展的同时还应兼顾其环境质量，实现区域整体的可持续发展。

（6）发挥中介变量的减排效应，多渠道实现低碳目标。

本书研究结果表明，城镇化会通过生产、生活、技术水平等方面的中介变量间接地影响碳排放，因此基于这些中介变量在城镇化影响碳排放过程中的具体作用提出以下建议：第一，重视科学技术在城镇化低碳发展进程中的作用，实行创新驱动战略，有效发挥城镇化发展带来的规模经济和集聚效应。当前的能源消耗仍以化石能源为主，政府应通过财政补贴、政策优惠等措施，加大对绿色、清洁、环保等高科技企业的支持，鼓励企业走低碳可持续发展之路。此外，应多方引进技术人才，加强人才储备，开发和利用太阳能、风能和核能等新型清洁能源。第二，促进产业结构优化升级，大力扶持第三产业。值得注意的是，产业结构的优化并非只注重第三产业的发展，如果没有工业作为基础，第三产业的发展过程中必然会出现过度投资与重复建设等问题，这会阻碍经济增长和社会发展。因此，产业结构升级减排作用的实现需要在鼓励第三产业发展的同时，注重推动第二产业由低端制造向高新技术产业的转型。同时，各级政府应制定合理、公平的奖惩制度，加大对高耗能、高污染产业的治理力度，对实施节能减排的企业进行奖励。第三，优化外商投资环境。一方面，跨国公司与中国企业之间的合作具有技术溢出和技术扩散效应，这有利于企业对高新技术的学习和运用，从而发挥技术进步对城镇碳排放的抑制作用；而另一方面，国际间的贸易合作可能将高污染密集型的产业转移到中国国内，加重国内环境压力，为避免"污染天堂"问题的出现，政府应严格控制引进产业的标准，筛选出符合低碳要求的外来投资企业，防止国外污染型企业向中国境内转移。

9.3　不足与展望

第一，测算碳排放量，出于数据的可得性，考虑主要化石能源消费量，并未能考虑所有类型的能源消费量，从而得出的碳排放量可能比实际数据小，进而可能使得相关研究结果与实际情况存在一些差别。

第二，碳排放是一个非常复杂的多维系统，且其影响因素在学术界尚存在争议。因此，在选取碳排放的影响因素时并不能够将所有的因素囊括进来，因此构建的系统可能还不完备。同时，城镇化对于碳排放量的作用路径存在多种情况且对于中介变量的选取至今尚未形成统一的观点，因此本书根据理论与实证结果选取了部分中介变量进行了研究。

第三，本书分别考虑了同尺度横向空间关联效应、多尺度空间纵向关联效应，并在此基础上进行了建模与实证分析，但尚未能将多尺度空间纵向关联效应与同尺度横向空间关联效应结合起来建模，因为横纵向空间关联效应的建模涉及非常复杂的模型估计与检验问题，这也是未来非常值得研究的前沿方向之一。

参 考 文 献

[1] 白永平，周鹏，武荣伟，等．中国地级及以上城市人口流动对城镇化效应分析 [J]．干旱区资源与环境，2016，30（9）：78 – 84．

[2] 毕晓航．城市化对碳排放的影响机制研究 [J]．上海经济研究，2015（10）：97 – 106．

[3] 曹诗若，苏宇楠，田茂再．基于分层线性模型的贝叶斯推断及其应用 [J]．统计与决策，2015（3）：4 – 8．

[4] 曹文莉，张小林，潘义勇，张春梅．发达地区人口、土地与经济城镇化协调发展度研究 [J]．中国人口·资源与环境，2012，22（2）：141 – 146．

[5] 陈飞，诸大建．低碳城市研究的理论方法与上海实证分析 [J]．城市发展研究，2009，16（10）：71 – 79．

[6] 陈景信，代明．市场化环境与创业绩效——基于 HLM 模型和区域分层的视角 [J]．山西财经大学学报，2018，40（11）：81 – 94．

[7] 陈培阳，朱喜钢．基于不同尺度的中国区域经济差异 [J]．地理学报，2012，61（8）：1085 – 1079．

[8] 陈晓红，程鑫．可持续发展与企业环境战略研究——以长株潭城市群碳排放对两型产业发展的影响为例 [J]．南开管理评论，2013，16（6）：106 – 111．

[9] 陈肖飞，张落成，姚士谋．基于新经济地理学的长三角城市群空间格局及发展因素 [J]．地理科学进展，2015，34（2）：229 – 236．

[10] 程开明．城市化与能源消耗 [J]．财贸研究，2016（1）：36 – 44．

[11] 程莉，周宗社．人口城镇化与经济城镇化的协调与互动关系研

究 [J]．经济纵横，2014（1）：119-122.

[12] 程叶青，王哲野，张守志，叶信岳，姜会明．中国能源消费碳排放强度及其影响因素的空间计量 [J]．地理学报，2013，68（10）：1418-1431.

[13] 邓明君．湘潭市规模以上工业企业能源消耗碳排放分析 [J]．中国人口·资源与环境，2011，21（1）：64-69.

[14] 邓荣荣，陈鸣．中国对外贸易隐含碳排放研究：1997～2011 年 [J]．上海经济研究，2014（6）：64-73.

[15] 杜慧滨，李娜，王洋洋，毛国柱．我国区域碳排放绩效差异及其影响因素分析：基于空间经济学视角 [J]．天津大学学报（社会科学版），2013，15（5）：411-416.

[16] 杜立民．我国二氧化碳排放的影响因素：基于省际面板数据的研究 [J]．南方经济，2010（11）：20-33.

[17] 杜运伟，黄涛珍，康国定．基于 Kaya 模型的江苏省人口城镇化对碳排放的影响 [J]．人口与社会，2015，31（1）：33-41.

[18] 范斐，杜德斌，盛垒．长三角科技资源配置能力与城市化进程的协调耦合关系研究 [J]．统计与信息论坛，2013，28（7）：69-75.

[19] 范海英．陕西省人口城镇化与土地城镇化动态耦合研究 [J]．资源开发与市场，2016，32（7）：776-875.

[20] 方创琳，毛其智，倪鹏飞．中国城市群科学选择与分级发展的争鸣及探索 [J]．地理学报，2015，70（4）：515-527.

[21] 方创琳．中国城市群研究取得的重要进展与未来发展方向 [J]．地理学报，2014，69（8）：1130-1144.

[22] 方杰，张敏强，邱皓政．基于阶层线性理论的多层级中介效应 [J]．心理科学进展，2010，18（8）：1329-1338.

[23] 顾乃华．城市化与服务业发展：基于省市制度互动视角的研究 [J]．世界经济，2011（1）：126-142.

[24] 关海玲，陈建成，曹文．碳排放与城市化关系的实证 [J]．中国人口·资源与环境，2013，23（4）：111-116.

[25] 管昊．我国产业转移与区域碳排放演变研究文献综述 [J]．当

代经济, 2016 (23): 28 - 29.

[26] 郭朝先. 产业结构变动对中国碳排放的影响 [J]. 中国人口·资源与环境, 2012, 22 (7): 15 - 20.

[27] 胡建辉, 蒋选. 城市群视角下城镇化对碳排放的影响效应研究 [J]. 中国地质大学学报 (社会科学版), 2015, 15 (6): 11 - 21.

[28] 胡雷, 王军锋. 城镇化区域差异、市场化进程对我国 CO_2 排放的影响 [J]. 城市发展研究, 2015, 22 (9): 28 - 35.

[29] 姬世东, 吴昊, 王铮. 贸易开放、城市化发展和二氧化碳排放: 基于中国城市面板数据的边限协整检验分析 [J]. 经济问题, 2013 (12): 31 - 35.

[30] 金瑞庭, 王贵新. 中国人口城市化与碳排放的实证研究——基于 1978 ~ 2009 年时间序列的计量分析 [J]. 人口与发展, 2013, 19 (1): 38 - 43, 12.

[31] 寇明风. 如何衡量城镇化: 人? 土地? [J]. 地方财政研究, 2012 (4): 1.

[32] 李富佳. 区际贸易隐含碳排放转移研究进展与展望 [J]. 地理科学进展, 2018, 37 (10): 1303 - 1313.

[33] 李剑荣. 低碳路径下推动西部城市群新型城镇化的研究 [J]. 东北师大学报 (哲学社会科学版), 2015 (3): 71 - 76.

[34] 李健, 周慧. 中国碳排放强度与产业结构的关联分析 [J]. 中国人口·资源与环境, 2012, 22 (2): 7 - 14.

[35] 李清政, 刘绪祚. 金融支持与我国新型城镇化互动发展的理论与实证研究 [J]. 宏观经济研究, 2015 (4): 142 - 152.

[36] 李双成, 蔡运龙. 地理尺度的转换若干问题的初步探讨 [J]. 地理研究, 2005, 24 (1): 11 - 18.

[37] 李小军, 方斌. 基于突变理论的经济发达地区市域城镇化质量分区研究——以江苏省 13 市为例 [J]. 经济地理, 2014, 34 (3): 65 - 71.

[38] 李炫榆, 宋海清. 区域减排合作路径探寻 [J]. 福建师范大学学报 (哲学社会科学版), 2015 (1): 29 - 35.

［39］李子联. 人口城镇化滞后于土地城镇化之谜 ［J］. 中国人口·资源与环境，2013，23（11）：94 – 101.

［40］林伯强，刘希颖. 中国城市化阶段的碳排放：影响因素和减排策略 ［J］. 经济研究，2010（8）：66 – 78.

［41］林挺进，吴伟，于文轩，等. 中国城市公共教育服务满意度的影响因素研究——基于 HLM 模型的定量分析 ［J］. 复旦教育论坛，2011，9（4）：54 – 58.

［42］刘法威，许恒周，王姝. 人口—土地—经济城镇化的时空耦合协调性分析 ［J］. 城市发展研究，2014，21（8）：7 – 11.

［43］刘红云，张月，骆方，李美娟，李小山. 多水平随机中介效应估计及其比较 ［J］. 心理学报，2011，43（6）：696 – 709.

［44］刘华军. 城市化对二氧化碳排放的影响——来自中国时间序列和省际面板数据的经验证据 ［J］. 上海经济研究，2012（5）：24 – 35.

［45］刘婧，魏玮. 城镇化率、要素禀赋对全要素碳减排效率的影响 ［J］. 中国人口·资源与环境，2014，24（8）：42 – 48.

［46］刘雷. 金融监管结构会影响市场约束吗？——基于 HLM 模型的跨国实证研究 ［J］. 国际金融研究，2017（6）：85 – 96.

［47］刘梦琴，刘轶俊. 中国城市化发展与碳排放关系——基于 30 个省区数据的实证研究 ［J］. 城市发展研究，2011，18（11）：27 – 32.

［48］刘士林，刘新静. 中国城市群发展报告 2014 ［M］. 上海：东方出版中心，2014.

［49］刘希雅，王宇飞，宋祺佼，齐晔. 城镇化过程中的碳排放来源 ［J］. 中国人口·资源与环境，2015，25（1）：61 – 66.

［50］刘勇. 中国城镇化发展的历程、问题和趋势 ［J］. 经济与管理研究，2011，3（9）：20 – 26.

［51］柳士顺，凌文辁. 多重中介模型及其应用 ［J］. 心理科学，2009，32（2）：433 – 435，407.

［52］卢虹虹. 长江三角洲城市群城市化与生态环境协调发展比较研究 ［D］. 上海：复旦大学，2012.

[53] 卢祖丹. 我国城镇化对碳排放的影响研究 [J]. 中国科技论坛，2011（7）：134 – 140.

[54] 路琪，周洪霞. 人口流动视角下的城镇化分析 [J]. 宏观经济研究，2014，（12）：112 – 121.

[55] 吕健. 中国城市化水平的空间效应与地区收敛分析：1978 ~ 2009 年 [J]. 经济管理，2011（9）：32 – 44.

[56] 齐晔. 中国低碳发展报告（2014）[M]. 北京：社会科学文献出版社，2014.

[57] 秦耀辰，荣培君，杨群涛，李旭，宁晓菊. 城市化对碳排放影响研究进展 [J]. 地理科学进展，2014，33（11）：1526 – 1534.

[58] 任卫峰. 低碳经济与环境金融创新 [J]. 上海经济研究，2008（3）：38 – 42.

[59] 尚伟伟. 进城务工人员随迁子女的学业成就及其影响因素——基于多层次线性模型（HLM）的分析 [J]. 基础教育，2015，12（6）：78 – 86.

[60] 邵燕斐，王小斌. 中国省域碳强度的空间相关性及其驱动因素研究 [J]. 工业技术经济，2014（11）：118 – 128.

[61] 省级温室气体清单编制指南. 发改办气候 [2011] 1041 号.

[62] 宋杰鲲，贾江涛. 我国城市化与碳排放的非线性关系研究 [J]. 统计与决策，2013（20）：83 – 86.

[63] 苏王新，孙然好. 中国典型城市群城镇化碳排放驱动因子 [J]. 生态学报，2018，38（6）：1975 – 1983.

[64] 孙昌龙，靳诺，张小雷，杜宏茹. 城市化不同演化阶段对碳排放的影响差异 [J]. 地理科学，2013，33（3）：266 – 272.

[65] 孙辉煌. 我国城市化、经济发展水平与二氧化碳排放——基于中国省级面板数据的实证检验 [J]. 华东经济管理，2012，26（10）：69 – 74.

[66] 孙立成，程发新，李群. 区域碳排放空间转移特征及其经济溢出效应 [J]. 中国人口·资源与环境，2014，24（8）：17 – 23.

[67] 孙欣，张可蒙. 中国碳排放强度影响因素实证分析 [J]. 统计

研究，2014，31（2）：61 - 67.

[68] 涂正革，谌仁俊，韩生贵. 中国区域二氧化碳排放增长的驱动因素：工业化、城镇化发展的视角 [J]. 华中师范大学学报（人文社会科学版），2015，54（1）：46 - 59.

[69] 涂正革，谌仁俊. 中国碳排放区域划分与减排路径 [J]. 中国地质大学学报（社会科学版），2012，12（6）：7 - 13.

[70] 汪浩，陈操操，潘涛，刘春兰，陈龙，孙莉. 县域尺度的京津冀都市圈 CO_2 排放时空演变特征 [J]. 环境科学，2014，35（1）：385 - 392.

[71] 汪中华，梁爽. 长江三角洲地区城市化与能源消耗及碳排放的关联分析 [J]. 国土与自然资源研究，2014（5）：54 - 57.

[72] 王锋，傅利芳，刘若宇，刘娟，吴从新. 城市低碳发展水平的组合评价研究——以江苏13城市为例 [J]. 生态经济，2016，32（3）：46 - 51.

[73] 王锋，李紧想，陈进国，刘娟，吴从新. 人口密度、能源消费与绿色经济发展——基于省域面板数据的经验分析 [J]. 干旱区资源与环境，2017，31（1）：6 - 12.

[74] 王锋，林翔燕，刘娟，陈洪涛，范文娜，邹梦楠. 城镇化对区域碳排放效应的研究综述 [J]. 生态环境学报，2018，27（8）：1576 - 1584.

[75] 王锋，刘传哲，吴从新，张炎治. 区域低碳发展指数建模——基于中国30省份的实证分析 [J]. 统计与信息论坛，2014，29（4）：30 - 36.

[76] 王锋，秦豫徽，刘娟，等. 多维度城镇化视角下的碳排放影响因素研究——基于中国省域数据的空间杜宾面板模型 [J]. 中国人口·资源与环境，2017（9）：151 - 161.

[77] 王锋，石啸天，刘娟，何晓玲，陈洪涛. 环境规制、金融发展与产业结构升级 [J]. 金融与经济，2018（8）：55 - 61.

[78] 王锋，张芳，林翔燕，石铁伟，陈洪涛. 长三角"人口—土地—经济—社会"城镇化的耦合协调性研究 [J]. 工业技术经济，2018，37（4）：45 - 52.

[79] 王锋，张芳，刘娟. 产业结构对经济增长作用路径的实证检验 [J]. 统计与决策，2018，34（10）：135 - 138.

［80］王桂新，武俊奎．城市规模与空间结构对碳排放的影响［J］．城市发展研究，2012，19（3）：89－95．

［81］王海江，苗长虹，茹乐峰，崔彩辉．我国省域经济联系的空间格局及其变化［J］．经济地理，2012，32（7）：22－23．

［82］王济川，谢海义，姜宝法．多层统计分析模型：方法与应用［M］．北京：高等教育出版社，2008．

［83］王建增．碳排放增长的驱动因素：城市化与经济发展［J］．统计与决策，2012（6）：139－140．

［84］王静，杨小唤，石瑞香．山东省人口空间分布格局的多尺度分析［J］．地理科学进展，2012，31（2）：176－182．

［85］王蕾，魏后凯．中国城镇化对能源消费影响的实证研究［J］．资源科学，2014，36（6）：1235－1243．

［86］王丽艳，郑丹，王振坡．我国人口城镇化与土地城镇化协调发展的区域差异测度［J］．学习与实践，2015（8）：12－22．

［87］王少剑，方创琳，王洋，马海涛，李秋颖．广东省区域经济差异的方向及影响机制［J］．地理研究，2013，32（12）：2244－2256．

［88］王世进．新型城镇化对我国碳排放的影响机理与区域差异研究［J］．现代经济探讨，2017（7）：103－109．

［89］王修达，王鹏翔．国内外关于城镇化水平的衡量标准［J］．北京农业职业学院学报，2012，26（1）：43－49．

［90］卫平，周亚细．城市化、能源消费与碳排放——基于STIRPAT模型的跨国面板数据实证研究［J］．生态经济，2014，30（9）：14－18．

［91］魏巍贤，杨芳．技术进步对中国二氧化碳排放的影响［J］．统计研究，2010，27（7）：36－44．

［92］温忠麟，侯杰泰，张雷．调节效应与中介效应的比较和应用［J］．心理学报，2005，37（2）：268－274．

［93］温忠麟，叶宝娟．中介效应分析：方法和模型发展［J］．心理科学进展，2014，22（5）：731－745．

［94］温忠麟，张雷，侯杰泰，等．中介效应检验程序及其应用［J］．

心理学报，2004，36（5）：614 – 620.

［95］吴婵丹，陈昆仑. 国外关于城市化与碳排放关系研究进展［J］. 城市问题，2014（6）：22 – 27.

［96］吴萌，任立，陈银蓉. 城市土地利用碳排放系统动力学仿真研究——以武汉市为例［J］. 中国土地科学，2017，31（2）：29 – 39.

［97］吴齐，任以胜，杨桂元. 区域碳排放量的空间溢出效应分析与减排路径探寻［J］. 太原理工大学学报（社会科学版），2015，33（6）：49 – 54.

［98］吴玉鸣，田斌. 省域环境库兹涅茨曲线的扩展及其决定因素——空间计量经济学模型实证［J］. 地理研究，2012，31（4）：627 – 640.

［99］吴振信，谢晓晶，王书平. 经济增长产业结构对碳排放的影响分析——基于中国的省际面板数据［J］. 中国管理科学，2012，20（3）：161 – 166.

［100］武晓利. 能源价格、环保技术与生态环境质量——基于包含碳排放 DSGE 模型的分析［J］. 软科学，2017，31（7）：116 – 120.

［101］肖宏伟. 城镇化进程对我国碳排放的影响及对策建议［J］. 宏观经济管理，2013（10）：66 – 68.

［102］肖宏伟，易丹辉. 基于时空地理加权回归模型的中国碳排放驱动因素实证研究［J］. 统计与信息论坛，2014，29（2）：83 – 88.

［103］肖宏伟，易丹辉，张亚雄. 中国区域碳排放空间计量研究［J］. 经济与管理，2013，27（12）：53 – 62.

［104］徐丽杰. 中国城市化对碳排放的影响关系研究［J］. 宏观经济研究，2014（6）：63 – 70.

［105］徐伟平，夏思维. 中国城镇化水平收敛性——理论假说与实证研究［J］. 人口与经济，2016（1）：1 – 9.

［106］许泱，周少甫. 我国城市化与碳排放的实证研究［J］. 长江流域资源与环境，2011，20（11）：1304 – 1309.

［107］闫云凤，赵忠秀. 中国对外贸易隐含碳的测度研究——基于碳排放责任界定的视角［J］. 国际贸易问题，2012（1）：131 – 142.

［108］杨传开，宁越敏. 中国省际人口迁移格局演变及其对城镇化发

展的影响 [J]. 地理研究, 2015, 34 (8): 1492-1506.

[109] 杨丽霞, 苑韶峰, 王雪婵. 人口城镇化与土地城镇化协调发展的空间差异研究 [J]. 中国土地科学, 2013, 27 (11): 18-22.

[110] 杨晓军, 陈浩. 全球化、城镇化与二氧化碳排放 [J]. 城市问题, 2013 (12): 12-20.

[111] 杨晓军, 陈浩. 中国城镇化对二氧化碳排放的影响效应: 基于省级面板数据的经验分析 [J]. 中国地质大学学报 (社会科学版), 2013, 13 (1): 32-37.

[112] 于洋, 孔秋月. 京津冀城镇化、人口老龄化与碳排放关系的实证研究 [J]. 生态经济, 2017, 33 (8): 56-59+80.

[113] 余惠煜, 廖明, 唐亚林. 长三角经济社会协调发展与区域治理体系优化 [M]. 上海: 复旦大学出版社, 2014.

[114] 张翠菊, 柏群, 张文爱. 中国区域碳排放强度影响因素及空间溢出性——基于空间杜宾模型的研究 [J]. 系统工程, 2017, 35 (10): 70-78.

[115] 张鸿武, 王珂英, 项本武. 城市化对 CO_2 排放影响的差异研究 [J]. 中国人口·资源与环境, 2013, 23 (3): 152-157.

[116] 张乐勤, 何小青. 安徽省城镇化演进与碳排放间库兹涅茨曲线假说与验证 [J]. 云南师范大学学报 (自然科学版), 2015, 35 (1): 54-61.

[117] 张丽. 基于系统动力学的碳排放预测研究 [D]. 保定: 华北电力大学, 2014.

[118] 张琳, 王亚辉, 郭雨娜. 中国土地城镇化与经济城镇化的协调性研究 [J]. 华东经济管理, 2016, 30 (6): 111-117.

[119] 张腾飞, 杨俊, 盛鹏飞. 城镇化对中国碳排放的影响及作用渠道 [J]. 中国人口·资源与环境, 2016 (2): 47-57.

[120] 张学良. 中国区域经济发展报告: 中国城市群的崛起与协调发展 [M]. 北京: 人民出版社, 2013.

[121] 张友国. 经济发展方式变化对中国碳排放强度的影响 [J]. 经济研究, 2010, 45 (4): 120-133.

[122] 赵俊三, 袁磊, 张萌. 土地利用变化空间多尺度驱动力耦合模

型构建 [J]. 中国土地科学, 2015, 29 (6): 57-66.

[123] 赵民, 陈晨, 郁海文. "人口流动"视角的城镇化及政策议题 [J]. 城市规划学刊, 2013 (2): 1-9.

[124] 赵晓丽, 胡雅楠. 中国城市化进程中影响 CO_2 排放的政策分析 [J]. 北京理工大学学报 (社会科学版), 2013, 15 (1): 5-11, 18.

[125] 赵雲泰, 黄贤金, 钟太洋. 1999~2007 年中国能源消费碳排放强度空间演变特征 [J]. 环境科学, 2011, 32 (11): 3145-3152.

[126] 镇风华, 舒帮荣, 李永乐, 李效顺, 杨小艳. 基于土地承载视角的城镇化协调性时空分析研究 [J]. 现代城市研究, 2016, 12 (11): 77-83.

[127] 郑昱, 王二平. 面板研究中的多层线性模型应用述评 [J]. 管理科学, 2011, 24 (3): 111-120.

[128] 周葵, 戴小文. 中国城市化进程与碳排放量关系的实证研究 [J]. 中国人口·资源与环境, 2013, 23 (4): 41-48.

[129] 周四军, 冯岑. 基于 HLM 模型的中国商业银行规模效率研究 [J]. 统计与信息论坛, 2010, 25 (9): 38-43.

[130] 周文兴, 毛爱林, 朱孝平. 经济增长、城镇化及产业结构与碳排放——基于省际面板数据的经验分析 [J]. 管理现代化, 2015 (1): 76-78.

[131] 周兴平. 教师和学校差异如何影响教师绩效工资实施效果——基于阶层线性模型 HLM 的实证分析 [J]. 教育科学, 2013, 29 (6): 71-76.

[132] 朱江丽, 李子联. 长三角城市群产业—人口—空间耦合协调发展研究 [J]. 中国人口·资源与环境, 2015, 25 (2): 75-82.

[133] 朱勤, 魏涛远. 居民消费视角下人口城镇化对碳排放的影响 [J]. 中国人口·资源与环境, 2013, 23 (11): 21-8.

[134] 朱冉, 赵梦真, 薛俊波. 产业转移、经济增长和环境污染——来自环境库兹涅茨曲线的启示 [J]. 生态经济, 2018, 34 (7): 68-73.

[135] 朱新春, 吴兆雪. 在低碳发展中城镇化的作用及路径分析 [J]. 长春理工大学学报 (社会科学版), 2013, 26 (4): 88-90.

[136] 祖雅菲, 陈良华, 韩静. 行业差异下高管团队特征对企业绩效影响关系研究——基于 HLM 模型的实证研究 [J]. 学海, 2016 (5): 150-157.

［137］ Abramovitz M. Catching Up, Forging Ahead, and Falling Behind ［J］. The Journal of Economic History, 1986, 46 (2): 385 – 406.

［138］ Ahmad M, Hall S. G. Economic growth and convergence: Do institutional proximity and spillovers matter? ［J］. Journal of Policy Modeling, 2017, 39 (6): 1065 – 1085.

［139］ Aliemail H. S. , Abdul-Rahim A. , Ribadu M. Urbanization and Carbon Dioxide Emissions in Singapore: Evidence from the ARDL Approach ［J］. Environmental Science and Pollution Research International, 2017, 24 (2): 1967 – 1974.

［140］ Ariu A. , Docquier F. , Squicciarini M. P.. Governance Quality and Net Migration Flows ［J］. Regional Science and Urban Economics, 2016, 60: 238 – 248.

［141］ Asumadu S. , Asantewaa O. P. A Multivariate Analysis of Carbon Dioxide Emissions, Electricity Consumption, Economic Growth, Financial Development, Industrialization, and Urbanization in Senegal ［J］. Energy Sources Part B-Economics Planing and Policy, 2017, 12 (1): 77 – 84.

［142］ Atinkpahoun C. N. H. , Le N. D. , Pontvianne S. , Poirot H. , Leclerc J. P. , Pons M. N. , Soclo H. H.. Population Mobility and Urban Wastewater Dynamics ［J］. Science of The Total Environment, 2018, 623: 1431 – 1437.

［143］ Aunan K. , Wang S. X.. Internal Migration and Urbanization in China: Impacts on Population Exposure to Household Air Pollution (2000 – 2010) ［J］. Science of the Total Environment, 2014, 481: 186 – 195.

［144］ Bao S. M. , Bodvarsson O. B. , Hou J. W. , Zhao Y. H. The Regulation of Migration in a Transition Economy: China's Hukou System ［J］. Contemporary Economic Policy, 2011, 29 (4): 564 – 579.

［145］ Barro R. J. , Sala-i-Martin X. Convergence ［J］. Journal of Political Economy, 1992, 100 (2): 223 – 251.

［146］ Baumo W. J. Productivity Growth, Convergence, and Welfare:

What the Long-Run Data Show [J]. The American Economic Review, 1986: 1072 – 1085.

[147] Bhagat R. B. , Mohanty S. Emerging Pattern of Urbanization and the Contribution of Migration in Urban Growth in India [J]. Asian Population Studies, 2009, 5 (1): 5 – 20.

[148] Brueckner J. K. F. A. The Economies of Urban Sprawl: Theory and Evidence on the Spatial Sizes of Cities [J]. The Review of Economics and Statistics, 1983, 65 (3): 14 – 25.

[149] Buhaug H. , Urdal H. An Urbanization Bomb? Population Growth and Social Disorder in Cities [J]. Global Environmental Change, 2013, 23 (1): 1 – 10.

[150] Cabral R. , Castellanos-Sosa F. A. Europe's Income Convergence and the Latest Global Financial Crisis [J]. Research in Economics, 2019, 73 (1): 23 – 34.

[151] Cai B. F. Advance and Review of City Carbon Dioxide Emission Inventory Research [J]. China Population, Resources and Environment, 2013, 23 (10): 72 – 80.

[152] Chen M. X. , Gong Y. H. , Lu D. D. , Ye C. Build a People-Oriented Urbanization: China's New-Type Urbanization Dream and Anhui Model [J]. Land Use Policy, 2019, 80: 1 – 9.

[153] Chen M. X. , Liu W. D. , Lu D. D. Challenges and the Way forward in China's New-Type Urbanization [J]. Land Use Policy, 2016, 55: 334 – 339.

[154] Crankshaw O. Causes of Urbanisation and Counter-Urbanisation in Zambia: Natural Population Increase or Migration? [J]. Urban Studies, 2018.

[155] Criado C. O. , Grether J. M. Convergence in Per Capita CO_2 Emissions: A Robust Distributional Approach [J]. Resource and Energy Economics, 2011, 33 (3): 637 – 665.

[156] De Sherbinin A. , Schiller A. , Pulsipher A. The Vulnerability of Global Cities to Climate Hazards [J]. Environment and Urbanization, 2007,

19 (1): 39 - 64.

[157] DiCecio R. , Gascon C. S. Income Convergence in the United States: A Tale of Migration and Urbanization [J]. The Annals of Regional Science, 2010 (2): 365 - 377.

[158] Dickey D. A. , Fuller W. A. Distribution of the Estimators for Autoregressive Time Series with Unit Root [J]. Journal of the American Statistical Association, 1979, 74: 427 - 431.

[159] Dietz T. , Rosa E. A. Effects of Population and Affluence on CO_2 Emissions [J]. Proceedings of the National Academy of Science, 1997, 94 (1): 175 - 179.

[160] Dong X. Y. , Yuan G. Q. China's Greenhouse Gas Emissions Dynamic Effects in the Process of Its Urbanization: a Perspective from Shocks Decomposition under Long-Term Constraints [J]. Energy Procedia, 2011 (5): 1660 - 1665.

[161] Duan P. Z. Influence of China's Population Mobility on the Change of Regional Disparity Since 1978 [J]. China Population, Resources and Environment, 2008, 18 (5): 27 - 33.

[162] Dyson T. The Role of the Demographic Transition in the Process of Urbanization [J]. Population & Development Review, 2011, 37 (Supplement s1), 34 - 54.

[163] Eaton J. , Eckstein Z. Cities and Growth: Theory and Evidence from France and Japan [J]. Boston University-Institute for Economic Development, 2000, 27 (4): 443 - 474.

[164] Elhorst J. P. Applied Spatial Econometrics: Raising the Bar [J]. Spatial Economic Analysis, 2010, 5 (1): 1742 - 1780.

[165] Elhorst J. P. Spatial Econmetrics from Cross-Sectional Data to Spatial Panels [M]. Heidelberg: Springer, 2013.

[166] Engle R. F. , Granger C. W. J. Co-integration and Error Correction: Representation, Estimations, and Testing [J]. Econometrica, 1987,

55：251 – 276.

［167］ Forrester J. W. Industrial Dynamics：A Major Breakthrough for Decision Makers ［J］. Harvard Business Review，1958，36 (4)：37 – 66.

［168］ Friedamn J. Four Theses in the Study of China's Urbanization ［J］. International Journal of Urban and Regional Research，2006，30 (2)：440 – 451.

［169］ Ganong P. , Shoag D. Why Has Regional Income Convergence in the U. S. Declined? ［J］. Journal of Urban Economics，2017，102：76 – 90.

［170］ Gray C. , Mueller V. Drought and Population Mobility in Rural Ethiopia ［J］. World Development，2012，40 (1)：134 – 145.

［171］ Gu C. , Hu L. , Cook L. G. China's Urbanization in 1949 – 2015：Processes and Driving Forces ［J］. Chinese Geographical Science，2017，27 (6)：847 – 859.

［172］ Guo J. , Zhang Y. J. , Zhang K. B. The Key Sectors for Energy Conservation and Carbon Emissions Reduction in China：Evidence from the Input-Output Method ［J］. Journal of Cleaner Production，2018，179：180 – 190.

［173］ Gu P. , Ma X. M. Investigation and Analysis of a Floating Population's Settlement Intention and Environmental Concerns：A Case Study in the Shawan River Basin in Shenzhen，China ［J］. Habitat International，2013，39：170 – 178.

［174］ Han X. , Wu P. L. , Dong W. L. An Analysis on Interaction Mechanism of Urbanization and Industrial Structure Evolution in Shandong，China ［J］. Procedia Environmental Sciences，2012，13：1291 – 1300.

［175］ Haupt H. , Schnurbusa J. , Semmler W. Estimation of Grouped，Time-Varying Convergence in Economic Growth ［J］. Econometrics and Statistics，2018，8：141 – 158.

［176］ He C. F. , Chen T. M. , Mao X. Y. , Zhou Y. Economic Transition，Urbanization and Population Redistribution in China ［J］. Habitat International，2016，51：39 – 47.

［177］ Henderson J. V. "Urbanization in China：Policy Issues and Options." In China Economic Research and Advisory Programme，2009.

［178］He Z. X. , Xu S. C. , Shen W. X. , et al. Impact of Urbanization on Energy Related CO_2 Emission at Different Development Levels: Regional Difference in China Based on Panel Estimation ［J］. Journal of Cleaner Production, 2017 （140）: 1719 – 1730.

［179］Hoel M. , Shapiro P. Population Mobility and Transboundary Environmental Problems ［J］. Journal of Public Economics, 2003, 87 （5 – 6）: 1013 – 1024.

［180］Holmes M. J. , Otero J. , Panagiotidis T. Property Heterogeneity and Convergence Club Formation Among Local House Prices ［J］. Journal of Housing Economics, 2019, 43: 1 – 13.

［181］Hossain M. S. Panel Estimation for CO_2 Emissions, Energy Consumption, Economic Growth, Trade Openness and Urbanization of Newly Industrialized Countries ［J］. Energy Policy, 2011, 39 （11）: 6991 – 6999.

［182］Huang L. Y. , Zhao X. L. Impact of Financial Development on Trade-Embodied Carbon Dioxide Emissions: Evidence from 30 Provinces in China ［J］. Journal of Cleaner Production, 2018, 198: 721 – 736.

［183］Hu J. , Jiang X. Study on the Influence of Urbanization on Carbon Emissions from the Perspective of Urban Agglomeration ［J］. Journal of China University Geoscience, 2015, 6: 11 – 21.

［184］Hyun M. H. , Bae S. M. The Influences of Cognitive Appraisal, Physical Injury, Coping Strategy, and Forgiveness of Others on PTSD Symptoms in Traffic Accidents Using Hierarchical Linear Modeling ［J］. Medicine, 2017, 96 （35）: 6 – 10.

［185］IPCC. 2006 IPCC Guidelines for National Greenhouse Gas Inventories ［J］. Journal of Women's Health, 2006.

［186］Johansen S. Statistical Analysis of Cointegrated Vectors ［J］. Journal of Economic Dynamics and Control, 1988, 12 （2）: 231 – 254.

［187］John E. M. , Scott R. T. A Framework for Testing Meso-Mediational Relationships in Organizational Behavior ［J］. Journal of Organizational Behavior, 2007, 28 (2): 141 –172.

[188] Johnson H. E. , Sushinsky J. R. , Holland A. , et al. Increases in Residential and Energy Development Are Associated with Reductions in Recruitment for a Large Ungulate [J]. Global change biology, 2017, 23 (2): 578 – 591.

[189] José M. , María L. Driving Forces of Spain's CO_2 Emissions: A LMDI Decomposition Approach [J]. Renewable and Sustainable Energy Reviews, 2015, 48: 749 –759.

[190] Julio V. Spatial Patterns of Carbon Emissions in the U. S. : A Geographically Weighted Regression Approach [J]. Population and Environment, 2014, 36 (2): 137 –54.

[191] Jung S. , Kyoungjin A. N. Regional Energy-Related Carbon Emission Characteristics and Potential Mitigation in Eco-industrial Parks in South Korea: Logarithmic Mean Divisia Index Analysis Based on the Kaya Identity [J]. Energy, 2012, 1: 231 –241.

[192] Kant C. Income Convergence and the Catch-Up Index [J]. The North American Journal of Economics and Finance, 2018, in press.

[193] Ka P. , Di M. , Ri T. Three-Level Models for Indirect Effects in School and Class-Randomized Experiments in Education [J]. Journal of Experimental Education, 2009, 78 (1): 60 –95.

[194] Kolaczyk E. D. , Huang H. Multiscale Statistical Models for Hierarchical Spatial Aggregation [J]. Geographical Analysis, 2001, 33 (2): 95 –118.

[195] Kong J. N. , Phillips P. C. B. , Sul D. Y. Weak σ-Convergence: Theory and Applications [J]. Journal of Econometrics, 2019, 209 (2): 185 –207.

[196] Kristic I. R. , Dumancic L. R. , Arcabic V. Persistence and Stochastic Convergence of Euro Area Unemployment Rates [J]. Economic Modelling, 2019, 76: 192 –198.

[197] Liang Z. , Ma Z. China's Floating Population: New Evidence from the 2000 Census [J]. Population and Development Review, 2004, 30 (3):

467 - 488.

[198] Li C. , Kuang Y. Q. , Huang N. S. The Long-Term Relationship between Population Growth and Vegetation Cover: An Empirical Analysis Based on the Panel Data of 21 Cities in Guangdong Province, China [J]. International Journal of Environmental Research and Public Health, 2013, 10 (2): 660 - 677.

[199] Liddle B. , Lung S. Age-Structure, Urbanization, and Climate Change in Developed Countries: Revisiting STIRPAT for Disaggregated Population and Consumption-Related Environmental Impacts [J]. Population and Environmet, 2010, 31 (5): 317 - 43.

[200] Liddle B. Revisiting World Energy Intensity Convergence for Regional Differences [J]. Applied Energy, 2010, 87 (10): 3218 - 3225.

[201] Li F. , Li G. D. , Qin W. S. , Qin J. , Ma H. T. Identifying Economic Growth Convergence Clubs and Their Influencing Factors in China [J]. Sustainability, 2018, 10 (8): 2588.

[202] Li K. , Lin B. Q. Impacts of Urbanization and Industrialization on Energy Consumption/CO_2 Emissions: Does the Level of Development Matter? [J]. Renewable and Sustainable Energy Reviews, 2015, 52: 1107 - 1122.

[203] Lin G. C. S. Peri-Urbanism in Globalizing China: A Study of New Urbanism in Dongguan [J]. Eurasian Geography and Economics, 2006, 47 (1): 28 - 53.

[204] Liu T. Y. , Su C. W. , Jiang X. Z. Convergence of China's Urbanization [J]. Journal of Urban Planningand Development, 2014, 141 (2).

[205] Liu T. Y. , Su C. W. , Jiang X. Z. Is China's Urbanization Convergent? [J]. The Singapore Economic Review, 2015, 61 (5).

[206] Liu Y. X. , Xiao H. W. , Zhang N. Industrial Carbon Emissions of China's Regions: A Spatial Econmetric Analysis [J]. Sustainability, 8 (3): 210.

[207] Li W. , Zhao T. , Wang Y. N. , Zheng Z. D. , Yang J. X. How Does Foreign Direct Investment Influence Energy Intensity Convergence in China?

［J］. Evidence from Prefecture-Level Data. Journal of Cleaner Production, 2019, 219: 57 – 65.

［208］ Li Y. M. , Zhao R. , Liu T. S. , et al. Does Urbanization Lead to More Direct and Indirect Household Carbon Dioxide Emissions? Evidence from China during 1996 – 2012 ［J］. Journal of Cleaner Production, 2015 （102）: 103 – 114.

［209］ Luo J. J. , Zhang X. L. , Wu Y. Z. , Shen J. H. , Shen L. Y. , Xing X. S. Urban Land Expansion and the Floating Population in China: For Production or for Living? ［J］. Cities, 2018, 74: 219 – 228.

［210］ Luo Z. , Wan C. H. , Wang C. , Zhang X. Urban Pollution and Road Infrastructure: A Case Study of China ［J］. China Economic Review, 2018, 49: 171 – 183.

［211］ Mackinnon D. P. , Lockwood C. M. , Hoffman J. M. , West S. G. , Sheets V. A Comparison of Methods to Test Mediation and Other Intervening Variables Effects ［J］. Psychological Methods, 2002, 7 （1）: 83 – 104.

［212］ Maparu T. S. , Mazumder T. N. Transport Infrastructure, Economic Development and Urbanization in India （1990 – 2011）: Is There Any Causal Relationship? ［J］. Transportation Research Part A: Policy and Practice, 2017, 100: 319 – 336.

［213］ Martine-Zarzoso I. A. , Maruotti. The Impact of Urbanization on CO_2 Emissions: Evidence from Developing Countries ［J］. Ecological Economics, 2011, 70 （7）: 1344 – 1353.

［214］ Mathieu J. E. , Taylor S. R. A Framework for Testing Meso-Mediational Relationships in Organizational Behavior ［J］. Journal of Organizational Behavior, 2007, 28: 141 – 172.

［215］ Mishra V. , Smyth R. Convergence in Energy Consumption Per Capita Among ASEAN Countries ［J］. Energy Policy, 2014, 73: 180 – 185.

［216］ Moran P. A. P. Notes on Continuous Stochastic Phenomena ［J］. Biometrika, 1950, 37 （1）: 17 – 23.

［217］ Muhammad S. , Nanthakumar L. , Ahmed T. M. , Khalid A. , Muhammad A. J. How Urbanization Affects CO_2 Emissions in Malaysia? The Application of STIRPAT Model ［J］. Renewable and Sustainable Energy Reviews, 2016, 57: 83 – 93.

［218］ Mulligan G. F. Revisiting the Urbanization Curve ［J］. Cities, 2013, 32: 113 – 122.

［219］ Muneer T. , Celik A. N. , Caliskan N. Sustainable Transport Solution for a Medium-Sized Town in Turkey—A Case Study ［J］. Sustainable Cities and Society, 2011, 1 (1): 29 – 37.

［220］ Neumayer E. Examinging the Impact of Demographic Factors on Air Polluciton ［J］. Population and Environmet, 2004, 46 (3): 5 – 21.

［221］ Ouyang X. L. , Lin B. Q. Carbon Dioxide (CO_2) Emissions During Urbanization: A Comparative Study between China and Japan ［J］. Journal of Cleaner Production, 2017, 143: 356 – 368.

［222］ Ozturk A. , Cavusgil S. T. Global Convergence of Consumer Spending: Conceptualization and Propositions ［J］. International Business Review, 2019, 28 (2): 294 – 304.

［223］ Pablo-Romero, Pozo-Barajas, Yniguez R. Global Changes in Residential Energy Consumption ［J］. Energy Policy, 2017, 101 (2): 342 – 352.

［224］ Pan X. F. , Liu Q. , Peng X. X. Spatial Club Convergence of Regional Energy Efficiency in China ［J］. Ecological Indicators, 2015, 51: 25 – 30.

［225］ Parikh J. , Shukla V. Urbanization, Energy Use and Greenhouse Effects in Economic Development ［J］. Angewandte Chemie, 1995, 54 (13): 3932 – 3936.

［226］ Phetkeo P. , Shinji K. Does Urbanization Lead to Less Energy Use and Lower CO_2 Emissions? A Cross-Country Analysis ［J］. Ecological Economics, 2010, 70 (2): 434 – 444.

［227］ Phillips P. C. , Sul D. Transition Modeling and Econometric Convergence Tests ［J］. Econometrica, 2007, 75 (6): 1771 – 1855.

[228] Pituch K. A., Tate R. L., Murphy D. L. Three-Level Models for Indirect Effects in School-and Class-Randomized Experiments in Education [J]. Journal of Experimental Education, 2010, 78: 60 –95.

[229] Quah DT. Empirics for Economic Growth and Convergence [J]. European Economic Review, 1996, 40 (6): 1353 –1375.

[230] Reboredo J. C. Renewable Energy Contribution to the Energy Supply: Is There Convergence Across Countries? [J]. Renewable and Sustainable Energy Reviews, 2015, 45: 290 –295.

[231] Reis S., Liška T., Vieno M., Carnell E. J., Beck R., Clemens T., Dragosits U., Tomlinson S. J., Leaver D., Heal M. R. The Influence of Residential and Workday Population Mobility on Exposure to Air Pollution in the UK [J]. Environment International, 2018, 121: 803 –813.

[232] Ren L. J., Wang W. J., Wang J. C., Liu R. T. Analysis of Energy Consumption and Carbon Emission During the Urbanization of Shandong Province, China [J]. Journal of Cleaner Production, 2015, 103: 534 –541.

[233] Richard Y. Demographic Trends and Energy Consumption in European Union Nations: 1960 – 2025 [J]. Social Science Research, 2007, 36 (3): 855 –872.

[234] Rios V., Gianmoena L. Convergence in CO_2 Emissions: A Spatial Economic Analysis with Cross-Country Interactions [J]. Energy Economics, 2018, 75: 222 –238.

[235] Rui H., Wang Z., Ding G. Q., Gong Y. R., Liu C. X. Trend Prediction and Analysis of Influencing Factors of Carbon Emissions from Energy Consumption in Jiangsu Province Based on STIRPAT Model [J]. Geographical Research, 2016, 35 (4): 781 –798.

[236] Sala-i-Martin XX. The Classical Approach to Convergence Analysis [J]. The Economic Journal, 1996, 106 (437): 1019 –1036.

[237] Shang J., Li P. F., Li L., Chen Y. The Relationship between Population Growth and Capital Allocation in Urbanization [J]. Technological

Forecasting and Social Change, 2018, 135: 249 –256.

［238］ Sharma. Determinants of Carbon Dioxide Emission: Empirical Evidence from 69 Countries ［J］. Applied Energy, 2011, 88 (1): 376 –382.

［239］ Sharma S. Persistence and Stability in City Growth ［J］. Journal of Urban Economics, 2003, 53 (2): 300 –320.

［240］ Sheng P. F. , Guo X. H. The Long-Run and Short-Run Impacts of Urbanization on Carbon Dioxide Emissions ［J］. Economic Modelling, 2016, 53: 208 –215.

［241］ Shen J. F. , Wong K. Y. , Feng Z. Q. State-Sponsored and Spontaneous Urbanization in the Pearl River Delta of South China, 1980 – 1998 ［J］. Urban Geography, 2002, 23 (7): 674 –694.

［242］ Solarin S. A. , Tiwari A. K. , Bello M. P. A Multi-Country Convergence Analysis of Ecological Footprint and Its Components ［J］. Sustainable Cities and Society, 2019, 46: 101422.

［243］ Solow R. M. A Contribution to the Theory of Economic Growth ［J］. Quarterly Journal of Economics, 1956, 70 (1): 65 –94.

［244］ Su C. W. , Liu T. Y. , Chang H. L. , Jiang X. Z. Is Urbanization Narrowing the Urban-Rural Income Gap? A Cross-Regional Study of China ［J］. Habitat International, 2015, 48: 79 –86.

［245］ Sun C. W. , Zhang W. Y. , Luo Y. , Xu Y. H. The Improvement and Substitution Effect of Transportation Infrastructure on Air Quality: An Empirical Evidence from China's Rail Transit Construction ［J］. Energy Policy, 2019, 129: 949 –957.

［246］ Su Y. Q. , Tesfazion P. , Zhao Z. Where Are the Migrants from? Inter-vs. Intra-Provincial Rural-Urban Migration in China ［J］. China Economic Review, 2018, 47: 142 –155.

［247］ Swan W. Economic Growth and Capital Accumulation ［J］. Economic Record, 1956, 32: 334 –361.

［248］ Tobler W. R. A Computer Movie Simulating Urban Growth in the

Detroit Region [J]. Economic Geography, 1970, 46: 234 – 240.

[249] Usama A., Hassan G. F., Janice Y. M. L., et al. Exploring the Relationship between Urbanization, Energy Consumption, and CO_2 Emission in MENA Countries [J]. Renewable and Sustainable Energy Reviews, 2013, 23 (4): 107 – 112.

[250] Wang F., Fan W. N., Chen C., Liu J., Chai W. The Dynamic Time-Varying Effects of Financial Development, Urbanization on Carbon Emissions in the Yangtze River Delta, China [J]. Environmental Science and Pollution Research, 2019, 26 (14): 14226 – 14237.

[251] Wang F., Gao M. N., Liu J., Fan W. N. The Spatial Network Structure of China's Regional Carbon Emissions and Its Network Effect [J]. Energies, 2018, 11 (10): 1 – 15.

[252] Wang F., Gao M. N., Liu J., Qin Y. H., Wang G., Fan W. N., Ji L. X. An Empirical Study on the Impact Path of Urbanization to Carbon Emissions in the China Yangtze River Delta Urban Agglomeration [J]. Applied Sciences, 2019, 9 (6): 1 – 18.

[253] Wang G. Urbanization: Focus of the Transformation of China's Economic Development Model [J]. Econ. Res. 2010, 12: 43 – 59.

[254] Wang H. S., Wang Y. X., Wang H. K., Liu M. M., Zhang Y. X., Zhang R. R., Yang J., Bi J. Mitigating Greenhouse Gas Emissions from China's Cities: Case Study of Suzhou [J]. Energy Policy, 2014, 68: 482 – 489.

[255] Wang Q., Su M., Li R. R., Ponce P. The Effects of Energy Prices, Urbanization and Economic Growth on Energy Consumption Per Capita in 186 Countries [J]. Journal of Cleaner Production, 2019, 225: 1017 – 1032.

[256] Wang Q., Wu S. D., Zeng Y. E., Wu B. W. Exploring the Relationship between Urbanization, Energy Consumption, and CO_2 Emissions in Different Provinces of China [J]. Renewable and Sustainable Energy Reviews, 2016, 54: 1563 – 1579.

[257] Wang S., Fang C., Ma H., et al. Spatial Differences and Multi-

Mechanism of Carbon Footprint Based on GWR Model in Provincial China [J].
Journal of Geographical Sciences, 2014, 24 (4): 612 – 630.

[258] Wang S. J., Fang C. L., Guan X. L., Pang B., Ma H. T. Urbanisation, Energy Consumption, and Carbon Dioxide Emissions in China: A Panel Data Analysis of China's Provinces [J]. Applied Energy, 2014, 136: 738 – 749.

[259] Wang Y., Chen L. L., Kubota J. The Relationship between Urbanization, Energy Use and Carbon Emissions: Evidence from a Panel of Association of Southeast Asian Nations (ASEAN) Countries [J]. Journal of Cleaner Production, 2016, 112: 1368 – 1374.

[260] Wang Y., Li L., Kubota J., Han R., Zhu X. D., Lu G. F. Does Urbanization Lead to More Carbon Emission? Evidence from a Panel of BRICS Countries [J]. Applied Energy, 2016, 168: 375 – 380.

[261] Wei T. Y., Zhu Q., Glomsrød S. Energy Spending and Household Characteristics of Floating Population: Evidence from Shanghai [J]. Energy for Sustainable Development, 2014, 23: 141 – 149.

[262] Wu C. T. The Impact of Urbanization on Agricultural Carbon Emissions in China—An Empirical Study Based on Provincial Data [J]. Economic Survey, 2015, 1: 12 – 18.

[263] Wu D. J., Rao P. Urbanization and Income Inequality in China: An Empirical Investigation at Provincial Level [J]. Social Indicators Research, 2017, 131 (1): 189 – 214.

[264] Xiong C. H., Yang D. G., Huo J. W. Spatial-Temporal Characteristics and LMDI-Based Impact Factor Decomposition of Agricultural Carbon Emissions in Hotan Prefecture, China [J]. Sustainability, 2016, 8 (3): 262.

[265] Xu B., Lin B. Q. How Industrialization and Urbanization Process Impacts on CO_2 Emissions in China: Evidence from Nonparametric Additive Regression Models [J]. Energy Economics, 2015 (48): 188 – 202.

[266] Xu H. Z., Zhang W. J. The Causal Relationship between Carbon

Emissions and Land Urbanization Quality: A Panel Data Analysis for Chinese Provinces [J]. Journal of Cleaner Production, 137: 241 – 248.

[267] Yang X. J. China's Rapid Urbanization [J]. Science, 2013, 342 (6156): 310.

[268] Yang Y. Y., Zhao T., Wang Y. N., Shi Z. H. Research on Impacts of Population-Related Factors on Carbon Emissions in Beijing from 1984 to 2012 [J]. Environmental Impact Assessment Review, 2015, 55: 45 – 53.

[269] York R., Rosa E. A., Dietz T. A Rift in Modernity? Assessing the Anthropologic Sources of Global Climate Change with the STIRPAT Model [J]. International Journal of Sociology and Social Policy, 2003, 23 (10): 31 – 51.

[270] You Z., Yang H. B., Fu M. C. Settlement Intention Characteristics and Determinants in Floating Populations in Chinese Border Cities [J]. Sustainable Cities and Society, 2018, 39: 476 – 486.

[271] Yuan B. L., Ren S. G., Chen X. H. The Effects of Urbanization, Consumption Ratio and Consumption Structure on Residential Indirect CO_2 Emissions in China: A Regional Comparative Analysis [J]. Applied Energy, 2015 (140): 94 – 106.

[272] Yuan J. J., Lu Y. L., Ferrier R. C., Liu Z. Y., Su H. Q., Meng J., Song S., Jenkins A. Urbanization, Rural Development and Environmental Health in China [J]. Environmental Development, 2018, 28: 101 – 110.

[273] Yuan Y., Xi Q. M., Sun T. S., Li G. P. The Impact of the Industrial Structure on Regional Carbon Emission: Empirical Evidence across Countries [J]. Geographical Research, 2016, 35 (1): 82 – 94.

[274] Zang X. L., Zhao T., Wang J., et al. The Effects of Urbanization and Household-Related Factors on Residential Direct CO_2 Emissions in Shanxi, China from 1995 to 2014: A Decomposition Analysis [J]. Atmospheric Pollution Research, 2017, 8 (2): 297 – 309.

[275] Zeng C., Song Y., Cai D. W., Hu P. Y., Cui H. T., Yang J., Zhang H. X. Exploration on the Spatial Spillover Effect of Infrastructure Network

on Urbanization: A Case Study in Wuhan Urban Agglomeration [J]. Sustainable Cities and Society, 2019, 47: 101476.

[276] Zhang C. G., Lin Y. Panel Estimation for Urbanization, Energy Consumption and CO_2 Emissions: A Regional Analysis in China [J]. Energy Policy, 2012, 49: 488 – 498.

[277] Zhang C. S., Zhu Y. T., Lu Z. Trade Openness, Financial Openness, and Financial Development in China [J]. Journal of International Money and Finance, 2015, 59: 287 – 309.

[278] Zhang L., Daniel T., Xie H. Economic Development and Its Bearing on CO_2 Emissions [J]. Journal of Geographical Sciences, 2005, 1: 63 – 72.

[279] Zhang L., Zhao S. X. Reinterpretation of China's Under-Urbanization: A Systemic Perspective [J]. Habital International, 2003, 27: 459 – 483.

[280] Zhang N., Yu K. R., Chen Z. F. How Does Urbanization Affect Carbon Dioxide Emissions? A Cross-Country Panel Data Analysis [J]. Energy Policy, 2017 (107): 678 – 687.

[281] Zhang X. Sustainable Urbanization: A Bi-dimensional Matrix Model [J]. Journal of Cleaner Production, 2015, 134: 425 – 433.

[282] Zhang Y. J., Yi W. C., Li B. W. The Impact of Urbanization on Carbon Emission: Empirical Evidence in Beijing [J]. Energy Procedia, 2015, 75: 2963 – 2968.

[283] Zhang Z., Zhao Y., Su B., et al. Embodied Carbon in China's Foreign Trade: An Online SCI-E and SSCI Based Literature Review [J]. Renewable and Sustainable Energy Reviews, 2017, 68 (1): 492 – 510.

[284] Zhang Z., Zyphur M. J., Preacher K. J. Testing Multilevel Mediation Using Hierarchical Linear Models: Problems and Solutions [J]. Organizational Research Methods, 2009, 12: 695 – 719.

[285] Zhao X. G., Zhang Y. F., Li Y. B. The Spillovers of Foreign Direct Investment and the Convergence of Energy Intensity [J]. Journal of Cleaner Production, 2019, 206: 611 – 621.

［286］Zheng W. , Walsh P. P. Economic Growth, Urbanization and Energy Consumption — A Provincial Level Analysis of China ［J］. Energy Economics, 2019, 80: 153 – 162.

［287］Zhu N. Xinhuanet China Unveils Land-Centered Urbanization Plan 2014 ［EB/OL］. http: //news. xinhuanet. com/english/china/2014 – 03/16/c_133190495. htm.